花冈瞳的生活拼布 2

简约自然风

（日）花冈瞳　著

齐会君　译

河南科学技术出版社

·郑州·

吊饰 制作方法详见第50页

目 录
CONTENTS

简约大方的自然风格小物件

Natural style

在日常生活中人们各自拥有自己所珍视和热爱的东西。拿我自己来说，尤其喜爱亚麻和纯棉面料，所以日常生活用品基本上都是亚麻制品。与苎麻、大麻、黄麻等植物制得的纤维不同，亚麻面料是以亚麻为原料制成的。亚麻面料质地柔软、手感顺滑，并且具有亮丽的光泽。这种面料非常有质感，就算只有一块布也可以做成非常精致的作品。正因如此，我们只需稍加"雕琢"，就可以创作出简单雅致的作品。在我看来，简单大方是最为重要的。

餐垫&杯垫
用自然色、黑色净面布和条纹亚麻面料简单拼缝制作而成的餐垫和杯垫。制作方法详见第51页。

2　麻绳制作的置物篮

质朴的麻绳一圈圈叠加，用黑色麻线缝合的简洁置物篮。整体轮廓给人一种向外扩展延伸的感觉。外侧随意地系上几个亚麻布细带作为点缀。制作方法详见第52页。

3 花朵图案和水珠花纹贴布缝手提包

这是一款白色水珠花纹搭配小碎布剪成的圆形贴布缝的手提包。裁剪的布块随意地做成了包包上的两种花朵图案，缝上装饰线作为花蕊。制作方法详见第54页。

4 水珠花纹刺绣手提包

这是一款加入了黑色水珠花纹刺绣的单色系可爱包包。
平针绣、直针绣和法式结粒绣等简单的刺绣针法使包包
的布面纹路更具立体感。制作方法详见第56页。

5 六边形布块组合的手提包

六边形布块拼缝的包包上散落着几处绣出的雪花。通过在侧身部分加入五边形和四边形布块，带来柔和的曲线美。制作方法详见第58页。

6 六边形布块组合的化妆包

嵌有纵向拼缝的六边形贴布的迷你化妆包。在两列
六边形之间加入菱形布块，相邻六边形贴布的色彩
更加醒目。制作方法详见第53页。

7 蕾丝面料制作的女式手提包

这是一款足以放入钱包和书本、外出时携带方便的迷你包包。使用蕾丝面料就成了一款精致漂亮的女式手提包。前片和后片分别用了四种不同颜色的半圆形贴布。制作方法详见第60页。

8、9 带贴布的书套和拼缝布块的书套

拼缝亚麻面料，并将裁剪的布块简单地做成贴布，由此制作而成书套。书签带也是用亚麻质地的布带并用纽扣装饰固定前端。8的制作方法详见第62页，9的制作方法详见第63页。

10

11

10、*11*　圆形包包&零钱包

分层次裁剪各种各样的亚麻布，用贴布绣连成曲线使其呈圆形，然后夹着带有圆绳的滚边做成该款包包。配套的零钱包则是用带有圆绳的滚边包卷缝合而成的。制作方法详见第64、65页。

12 无袖连衣裙

这款方形裁剪的无袖连衣裙的制作非常简单。将与14页相同的三种颜色的亚麻布简单拼缝，圆形口袋贴布是该款设计的亮点。制作方法详见第66页。

自由贴布缝的环保袋

可折叠起来随身携带使用方便的环保袋，不需里布，制作方法简单。车缝裁剪的布块，再随意缝上自己喜爱的贴布，一款简单大方的环保袋就做好啦。制作方法详见第68页。

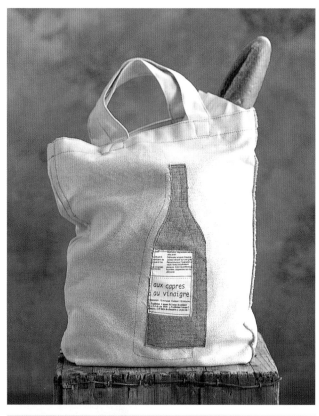

18 浅咖啡色花朵图案贴布缝 大手提袋

在条纹亚麻布上绣上剪下的浅咖啡色花朵图案印花贴布的大手提袋，比19页作品稍大些。制作方法详见第69页。

19 棕色系叶子印花贴布缝大手提袋

亚麻质地的净面布上绣有剪下的棕色系叶子印花
贴布的大手提袋。沿着叶子的轮廓压缝。制作方
法详见第69页。

刺绣和艺术拼贴融为一体的拼布小物

关于刺绣的设计，我总是会在脑海中忽然浮现出感兴趣的物品时，用铅笔把它画在广告传单的背面或记事本上。虽然线条很细，但由于我特别喜欢用铅笔描绘出的线条感，所以经常用单根线的轮廓绣。

大自然中盛开的花是最漂亮的。任何一种花只要仔细观察，我们都会感受到其魅力和大自然的伟大。因此，我们并非要把真实的花朵放到作品中，而是要把自己脑海中勾勒出的事物拼贴出来。有时有人问"这是什么花啊？"我也答不出来。因为它没有名字。各种各样有趣的丝线是我的拼贴必备品。在或集中或捆扎的过程中，就会发现更为有趣的使用方法。

"In my life" 2003年制作

绣满了日常生活中喜爱物品的刺绣保暖毯。希望大家能够带着轻松的心
情来欣赏这一个个丰富多彩的立体图案。参考作品170cmX170cm。

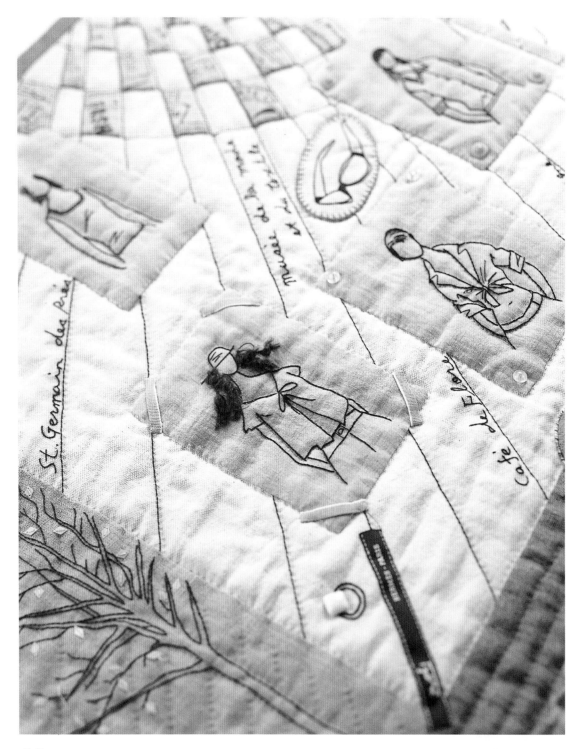

20　迷你刺绣壁饰

带有巴黎姑娘意象刺绣的迷你壁饰。加入法语单词的刺绣，使用纽扣、饰带和串珠等增添美术拼贴的乐趣。制作方法详见第70页。

21 艺术拼贴挂画

以立体白花为主题图案，仿佛是在花托上插花，增添艺术拼贴的
乐趣。叶子用贴布绣、刺绣、串珠和毛线等谐调地装点在一起。
制作方法详见第71页。

22 艺术拼贴挂画

在高雅的色调中加入吸引眼球的白色花朵的印象派设计风格。深棕色的花朵图案与24页的白色花制作方法相同，但不同的素材却会带来不同的视觉享受。制作方法详见第71页。

23 花朵图案置物盒

将布、饰带、波浪形花边等缝合后把线拉紧做成，装饰纽扣、串珠作为花蕊，然后将花朵缝合固定在置物盒盖子上，摆放得像花束一样。制作方法详见第72页。

24 花朵图案置物篮

本款作品以厚纸和铺棉为芯包上亚麻布，并装点了醒目的黑色波浪形花边。同一波浪形饰带制作的花朵图案作为装饰则是设计的亮点。制作方法详见第74页。

25、26　贴布小物收纳盒2款

将裁剪的各种米色系碎布和花边直接粘贴拼在一起制作的小物收纳盒。圆形的带有盖子，长方形的装有用线轴制作的提手。制作方法详见第76页。

イギリス c1880

イギリス glass

27~29 便携式裁缝工具包

简单的设计中有一处显眼针脚的裁缝工具包。剪刀袋、针插、折叠式针袋都是手掌大小，非常便于携带。制作方法详见第77页。

30 衬衫上的翻新小创意——斜裁碎布

只需在市售的女式衬衫或男式衬衫上简单地缝上几片碎布，就会呈现出一个与众不同的衣襟。由于斜裁的碎布布边不易散开，所以可以直接使用。制作方法详见第101页。

31 衬衫上的翻新小创意——Yoyo

使用Yoyo的创意无数，我试着在市售的女式衬衫领部装饰了一下。这次使用了2种大小的Yoyo，但是最好还
是依据手头的衣领来调整大小和数量。制作方法详见第101页。

素净高雅的色调是我的最爱

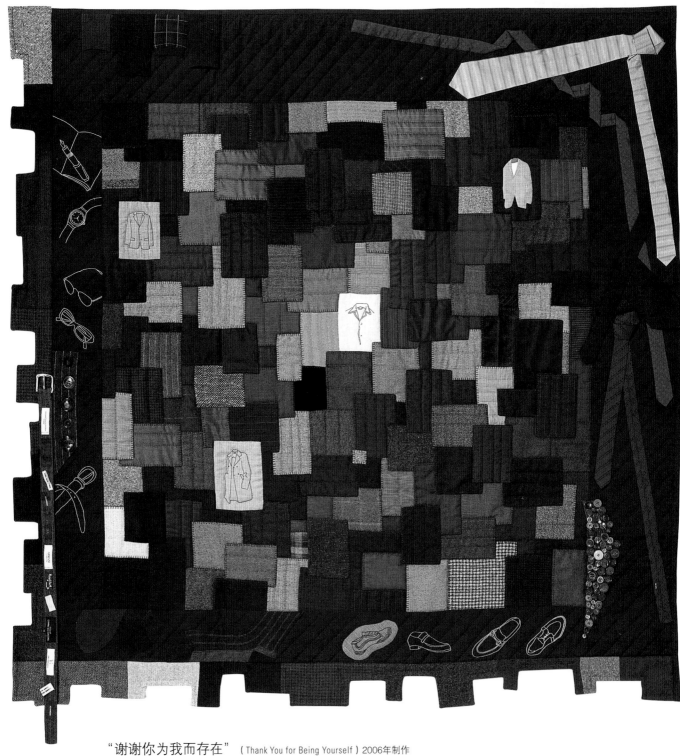

"谢谢你为我而存在"（*Thank You for Being Yourself*）2006年制作

献给所有男性的绅士保暖毯。将各种毛织品布块交错重叠，用藏针缝针法缝合固定。绣上穿戴的衣物、领带、袜子和纽扣等作为装饰。参考作品160cmX160cm。

毛料也是我喜欢的素材，尤其喜欢绅士装中的西装材质，喜爱它特有的深沉的色调。在街头碰到有男士身着材质很好的西装时，还会怦然心动。虽然它们颜色很有限，但正如法兰绒色泽黯淡、羊绒光泽明亮一样，不同的素材和织法就会产生不同的质感，另外，花色也只有格子纹和条纹，无论怎样组合都能创作出成功的作品。

32 单色系贴布缝手提包

错落有致地排列的单色系不规则四边形的贴布缝包包。包口的成品线依据自己喜好沿着边缘的贴布缝制出凹凸线。制作方法详见第78页。

33 四边形布块拼缝的无袖连衣裙

这是一款裙子部分拼缝了边长为10cm各种毛料质地的四边形布块组合的无袖连衣裙。

前后身则使用上等条纹毛料简单缝合而成。制作方法详见第80页。

34 贴布缝手提包

这是一款排列独特的贴布缝手提包。缝上圆形碎布的贴布后，将灰色布块裁成柔和的波浪形贴布，做成小边条。制作方法详见第82页。

35 带状装饰肩挎包

这是一款包底抓有褶子，给人鼓鼓的感觉的包包。折三折后四种不同颜色的带状布条随机缝合固定在包包上作为装饰。最后选择了宽皮提手，呈现出一种典雅之美。制作方法详见第84页。

36、*37* 北欧之花手提包&笔袋

用"北欧之花"制作的包包和配套的笔袋。时尚的花朵
图案组合在一起，重要部分用不同颜色的布块装点。制
作方法36详见第86页，37详见第88页。

36

37

38 细布条拼接的心形手提包

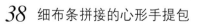

把细布条拼缝成锯齿状心形的包包。提手、侧身和后片使
用的茶色布如沿其格子纹路绗缝的话，就不用做标记了。
制作方法详见第90页。

39 四边形布块拼接的收口包

边长5cm和10cm的四边形布块拼缝组合制作的收口包。在正方形主体的四边缝上穿绳布，制成褶皱状设计风格的一款包包。制作方法详见第92页。

40 千鸟绣贴布肩挎包

采用了在巴黎的蒙马特尔散步时走过的石板坡道的意
象，随意地用千鸟绣针法缝上四边形布块制作而成的
肩挎包。制作方法详见第94页。

41、*42* 反向贴布手提包&小包包

将像影画一样简洁、让人印象深刻的黑色花朵图案作为反向贴布（把贴布图案的布片放在表布底下缝合）缝合制作而成的手提包和小包包。花朵图案使用的是黑色的绒毛质地的素材，使整体看起来更有质感。制作方法41详见第96页，42详见第89页。

41

42

43 六边形图案毛料手提包

用藏针缝缝合六边形图案的周围，以针织细带
拉伸缝将六边形布块拼接起来。只需在包底
部分加入四处菱形图案就制作出了一款具有鼓
鼓外形的包包。制作方法详见第98页。

44

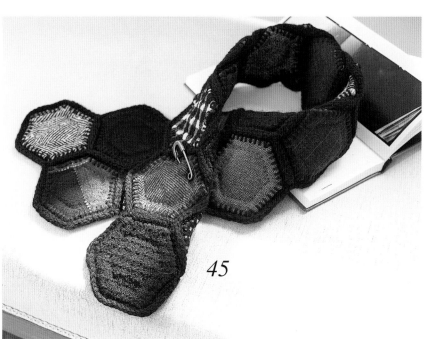

45

44、45 六边形图案毛料
盖膝毯&围巾

按照与第46页的包包同样的制作要领，将六边
形图案用针织袋拼缝制作而成的毛织品素材的
盖膝毯和围巾。盖膝毯使用的是暖暖的茶色系
，围巾使用的是素雅的单色系。这是最适合严
冬时节使用的物品。制作方法详见第100页。

46、*47* 毛料拼接鸭舌帽&疯狂拼布饰带

用6种毛料布块拼缝制作而成的烤饼形的帽子和也可作为漂亮领带使用的疯狂拼布饰带。两款作品均可搭配我们的日常服装。制作方法46详见第102页，47详见第103页。

$\mathcal{H}$ow to make 作品制作方法

★ 材料中写有"碎布适量"的情况下，请将自己手头的布依据喜好随意组合。

★ 材料中在没有特别标记布纹等的里布和衬布的情况下，请依据喜好选择与表布同样厚度的布料。

★ 在没有特别提示增加里布尺寸用于处理缝份等要求时，只需按表布尺寸裁剪里布、衬布、铺棉即可。

★ 制作方法示意图中，没有特别标记的情况下，尺寸单位均为厘米（cm）。

★ 制作示范图和制图的各种尺寸均按成品尺寸表示。裁布时，只要没有指定直接裁剪（＝无缝份），裁剪时一律带缝份。没有标记缝份尺寸时，一般情况下贴布需预留0.5cm缝份、拼缝需预留0.7～1cm的缝份，请根据面料和作品加以调整。

吊饰

★**材料** 表布…原色净面棉布50cmX 30cm，贴布用布…白色和米黄色碎布适量，铺棉…25cmX40cm，宽0.7cm亚麻布带110cm，麻绳适量，25号绣线黑色、原色适量，驯鹿用树枝2根

★**成品尺寸** 请参照示意图

★**制作方法**

1. 制作纸样，裁剪表布和铺棉、贴布绣用布。

2. 将前片表布与后片表布正面相对，叠放铺棉，缝合返口以外的四周其他部分。由返口翻回正面。

3. 返口藏针缝，在前片表布贴布缝和刺绣。直接裁剪贴布，用黏合剂粘上。

4. 装上吊绳。将麻绳头部打结，缝合固定在吊饰背面。

5. 将吊绳穿在亚麻布带上。

★ 实物大小纸样请参照本书最后附页A面。

制作示范

亚麻布带110cm

0.7

5.5 5 7 6 9.5 4 9.5 4.5 4.5 4.5 9 8.5 12.5 7.5 6 5

---

2. 将前片表布与后片表布正面相对，叠放铺棉缝合

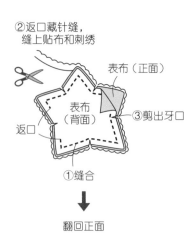

②返口藏针缝，缝上贴布和刺绣

表布（正面）

表布（背面）

③剪出牙口

返口

①缝合

翻回正面

---

3. 返口藏针缝，进行贴布缝

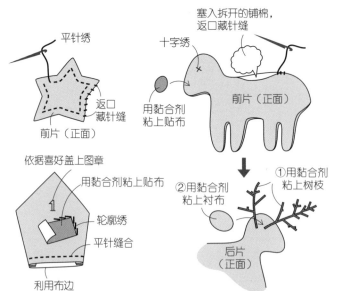

平针绣

返口藏针缝

前片（正面）

塞入拆开的铺棉，返口藏针缝

十字绣

前片（正面）

用黏合剂粘上贴布

依据喜好盖上图章

用黏合剂粘上贴布

1

轮廓绣

平针缝合

利用布边

②用黏合剂粘上衬布

①用黏合剂粘上树枝

后片（正面）

---

4. 装上吊绳

依据喜好将麻绳剪成合适的长度

C

缝合固定

后片（正面）

50

1

餐垫&杯垫

第4页作品

★ **材料** （餐垫2件、杯垫2件份量）
拼布用布…条纹、黑色净面亚麻布各50cm×50cm，原色亚麻布…40cm×30cm，里布…50cm×100cm，字母印花布适量

★ **成品尺寸** 请参照示意图

★ **制作方法**（两件共用）

1. 如主体制作示范所示拼缝表布，把缝份倒向一边。在杯垫的表布上车缝上直接裁剪的字母印花贴布。

2. 将表布和里布正面相对，缝合返口以外其他部分，然后从返口翻回正面。

3. 完成后缝合返口。垫子周围车缝处理。

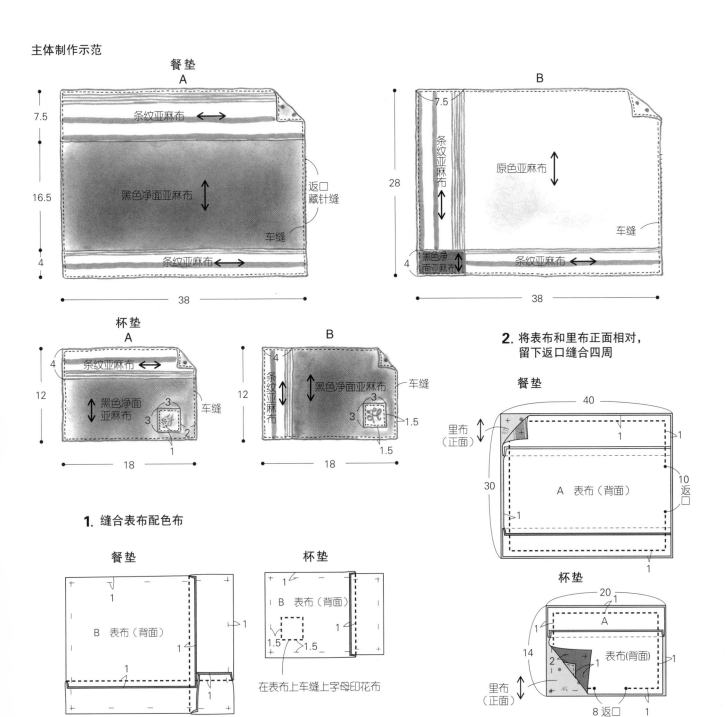

主体制作示范

餐垫
A
7.5
条纹亚麻布
16.5
黑色净面亚麻布
返口 藏针缝
车缝
4
条纹亚麻布
38

B
7.5
条纹亚麻布
28
原色亚麻布
车缝
4 黑色净面亚麻布
条纹亚麻布
38

杯垫
A
4 条纹亚麻布
12
黑色净面亚麻布
车缝
3 3
3 2
1.5
1

B
4
条纹亚麻布
12
黑色净面亚麻布
车缝
3 3
3
1.5
1.5
18

1. 缝合表布配色布

餐垫
1
B 表布（背面）
1
1
1

杯垫
1
B 表布（背面）
1
1.5 1.5
在表布上车缝上字母印花布

2. 将表布和里布正面相对，留下返口缝合四周

餐垫
40
里布（正面）
1 1
30
A 表布（背面）
10 返口
1
1

杯垫
20
1
A
里布（正面）
14
表布（背面）
1
2 1
1
8 返口 1

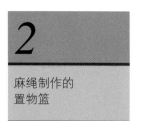

2

麻绳制作的
置物篮

第5页作品

★ **材料** 主体外底用布···条纹亚麻布15cmX25cm，内侧用布（侧面、底面）···原色净面亚麻布40cmX35cm，直径约1cm浅灰色麻绳530cm，直径0.1cm黑色麻线适量，宽0.5cm浅灰色亚麻细带1m，厚纸12cmX22cm，薄黏合衬12cmX22cm

★ **成品尺寸** 请参照示意图

★ **制作方法**

1. 疏缝外底布周围，并用其包住厚纸。
2. 用珠针将麻绳固定缠绕9层。
3. 去掉外底，用黑色麻线缝合。
4. 再次缝上外底。
5. 在内底的背面贴上黏合衬，将其与侧面内侧布缝合。侧面的尺寸由于2

的缠绕方法不同会出现一定的误差，所以在缝合前需先放入4中调整大小。
6. 放入5中，内侧部折下并将其以藏针缝缝合在第9层麻绳内侧。

★ 侧面内侧布、内底、外底的实物大小纸样请参照本书最后附页A面。

裁剪方法

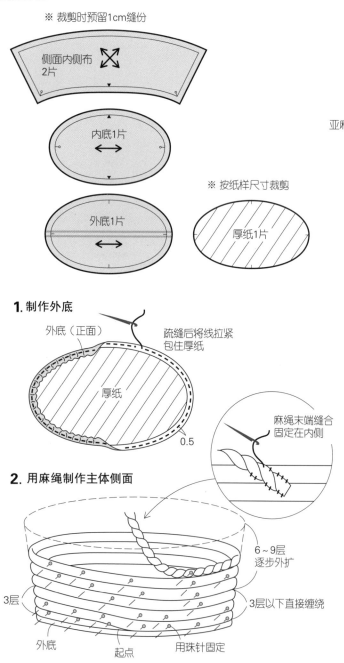

※ 裁剪时预留1cm缝份

侧面内侧布
2片

内底1片

外底1片

※ 按纸样尺寸裁剪

厚纸1片

1. 制作外底

外底（正面）

疏缝后将线拉紧包住厚纸

厚纸

0.5

麻绳末端缝合固定在内侧

2. 用麻绳制作主体侧面

6~9层逐步外扩

3层以下直接缠绕

3层

外底   起点   用珠针固定

3. 用黑色麻线缝合主体侧面

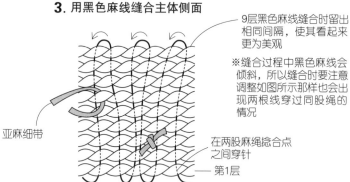

9层黑色麻线缝合时留出相同间隔，使其看起来更为美观

※缝合过程中黑色麻线会倾斜，所以缝合时要注意调整如图所示那样也会出现两根线穿过同股绳的情况

亚麻细带

在两股麻绳捻合点之间穿针

第1层

5. 制作内侧布

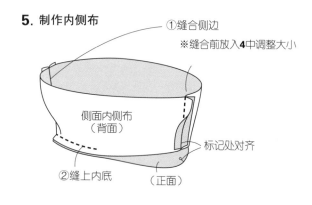

①缝合侧边

※缝合前放入4中调整大小

侧面内侧布
（背面）

标记处对齐

②缝上内底

（正面）

6. 内侧布折下藏针缝

成品图

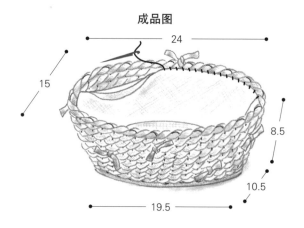

24

15

8.5

10.5

19.5

6

六边形布块组合的化妆包

第11页作品

★ **材料** 表布（拼布用布）…浅灰色、深米黄色、深棕色等碎布适量，表布（底布）…米色编织纹毛织布30cmX40cm，里布、铺棉…各30cmX40cm，滚边用布（斜裁布）…4cmX60cm（含布环），20cm长拉链1条

★ **成品尺寸** 请参照示意图

★ **制作方法**

1. 拼缝六边形A和菱形B。

2. 贴缝**1**中拼缝的布块于表布（底布）上。

3. 在**2**上依次叠放铺棉和里布疏缝，然后进行落针压缝和绗缝。

4. 制作布环，固定在一侧的侧边上。

5. 将主体正面相对，半回针缝缝合侧边，然后用其中一侧的里布的缝份卷针缝。

6. 侧边捏出6cm的底部，制作侧身。

7. 用斜裁布为包口滚边，做成1cm宽的滚边。

8. 在包口内侧装拉链。

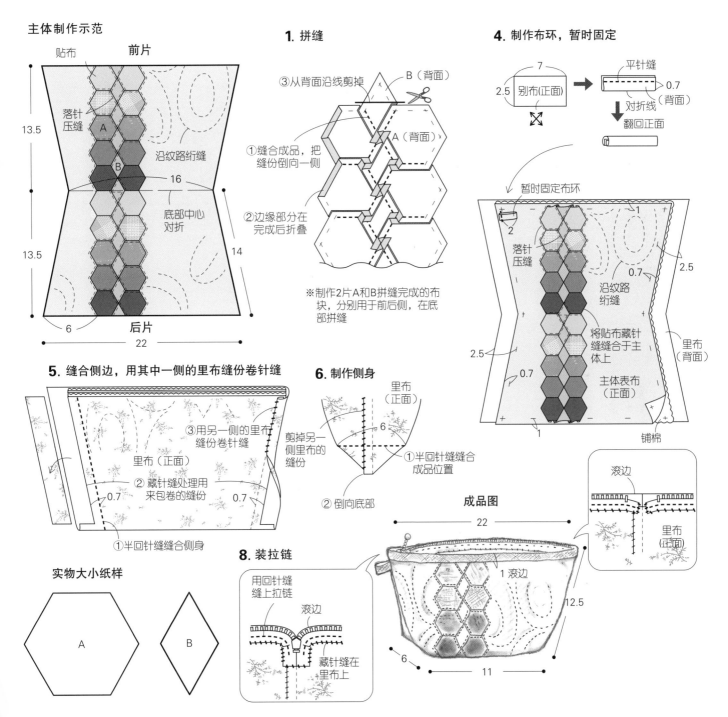

主体制作示范

前片

贴布

落针压缝

沿纹路绗缝

A

B

13.5

13.5

16

底部中心对折

后片

6

22

14

1. 拼缝

③从背面沿线剪掉

B（背面）

①缝合成品，把缝份倒向一侧

②边缘部分在完成后折叠

A（背面）

※制作2片A和B拼缝完成的布块，分别用于前后侧，在底部拼缝

4. 制作布环，暂时固定

7

2.5

别布(正面)

平针缝

0.7

对折线

翻回正面

暂时固定布环

2

1

落针压缝

0.7

2.5

沿纹路绗缝

将贴布藏针缝缝合于主体上

主体表布（正面）

里布（背面）

铺棉

1

5. 缝合侧边，用其中一侧的里布缝份卷针缝

③用另一侧的里布缝份卷针缝

剪掉另一侧里布的缝份

里布（正面）

②藏针缝处理用来包卷的缝份

0.7

0.7

①半回针缝缝合侧身

6. 制作侧身

里布（正面）

6

①半回针缝缝合成品位置

②倒向底部

8. 装拉链

用回针缝缝上拉链

滚边

藏针缝在里布上

成品图

22

1 滚边

12.5

6

11

滚边

里布（正面）

实物大小纸样

A

B

3

花朵图案和水珠花纹
贴布缝手提包

第6页作品

★ **材料** 主体表布…米黄色底面带有白色水珠花纹的亚麻布55cmX75cm，贴布用布…茶色系碎布适量，花朵图案A…原色棉布约5cmX7cm、白色棉布约4cmX5cm，花朵图案B…原色编织纹棉布5cmX52cm（斜裁布），里袋…50cmX110cm（含内口袋用布），提手…宽2.5cm、1.2cm亚麻布带各1m，5号绣线茶色适量，花样毛线茶色

适量

★ **成品尺寸** 42cmX33.5cm
★ **制作方法**

1. 制作贴布用纸样，裁剪时预留0.5cm的缝份。主体表布和里袋、口袋均预留指定的缝份。

2. 将贴布立针缝合固定于表布上。

3. 制作3个花朵图案A、2个B，然后参照制作示范缝于表布上。

4. 缝合表布包口的折边，正面相对对折，缝合侧边和底部。

5. 附有内口袋的里袋用布正面相对对折，缝合侧边和底部。折起袋口缝份，然后放进主体里边背面相对，对开口处进行藏针缝。

6. 制作提手，车缝在主体上。

制作示范

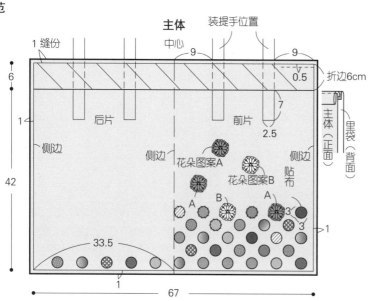

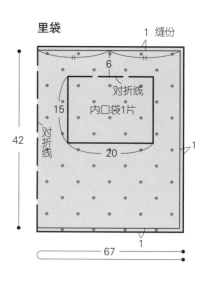

2. 在表布上缝上贴布

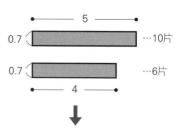

3. 制作花朵图案A、B

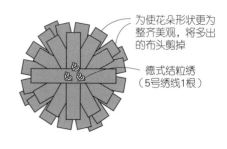

花朵图案B 2个

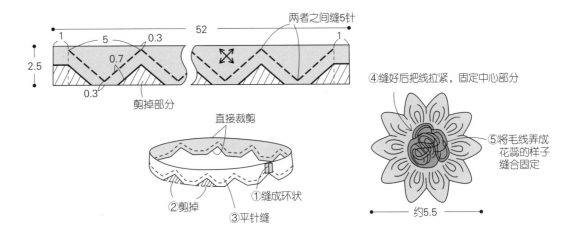

两者之间缝5针

52

1 5 0.3

2.5

0.7

0.3

剪掉部分

④缝好后把线拉紧，固定中心部分

⑤将毛线弄成花蕊的样子缝合固定

约5.5

直接裁剪

②剪掉 ③平针缝 ①缝成环状

---

4. 制作主体

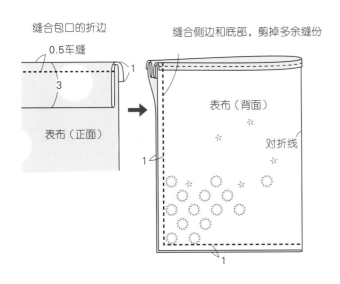

缝合包口的折边

0.5车缝

1

3

表布（正面）

缝合侧边和底部，剪掉多余缝份

表布（背面）

对折线

1

1

5. 制作里袋

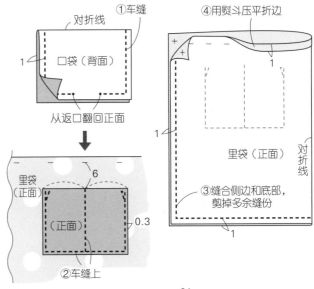

①车缝

对折线

口袋（背面）

1

从返口翻回正面

里袋（正面）

6

（正面）

0.3

②车缝上

④用熨斗压平折边

+ +

1

里袋（正面）

对折线

③缝合侧边和底部，剪掉多余缝份

1

---

6. 制作提手，装在主体上

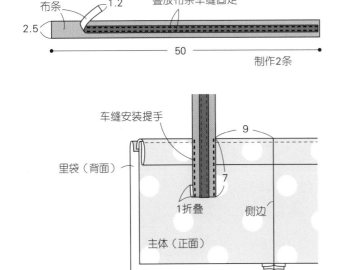

布条

1.2

2.5

叠放布条车缝固定

50

制作2条

车缝安装提手

里袋（背面）

9

7

1折叠 侧边

主体（正面）

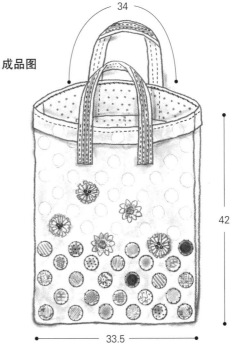

34

成品图

42

33.5

4

水珠花纹刺绣
手提包

第8页作品

★ **材料** 表布…主体A、B和侧身=水珠刺绣花纹亚麻布90cmX40cm，主体B'=米黄色净面亚麻布55cmX40cm（含提手用布），别布a（底部）=黑白条纹55cmX30cm（含口袋用斜裁布）别布b（拉链侧身）=黑色净面棉布45cmX55cm（含拉链侧身的斜裁布），里布…50cmX110cm（含处理缝份用斜裁布），铺棉75cmX70cm，薄黏合衬35cmX25cm，宽2.5cm棉布带80cm，35cm长拉链1条，黑色绣线适量

★ **成品尺寸** 22cmX30cmX15cm
★ **制作方法**
1. 制作实物大小纸样，裁好斜裁布后，再裁剪其他布块，在主体A、B上加上刺绣。※直接裁剪拉链侧身和主体A的滚边位置，其他部分预留1cm缝份裁剪。
2. 参照制作示范，缝合主体A、B和底部，依次叠放铺棉和里布疏缝，然后绗缝。

3. 主体A的包口部分滚边处理。
4. 主体B'背面粘上黏合衬，与里布缝合，然后藏针缝于主体A的背面。
5. 制作拉链侧身。
6. 缝合拉链侧身和包侧身。
7. 制作提手，暂时固定在主体B和B'的缝提手位置。
8. 半回针缝合主体和包侧身，用里布的斜裁布条滚边包住缝份。

★ 实物大小纸样请参照本书最后附页A面。

各部分制作示范

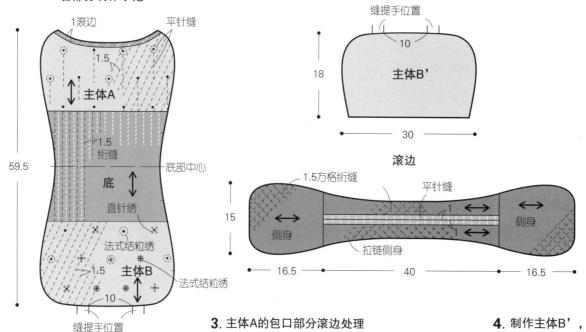

2. 缝合主体A、B和底部

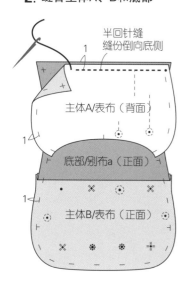

3. 主体A的包口部分滚边处理

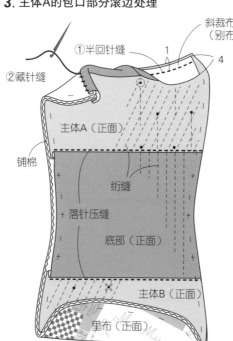

4. 制作主体B'，缝于主体A背面

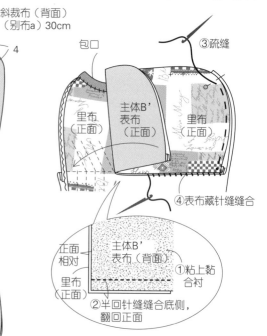

5. 缝上拉链侧身

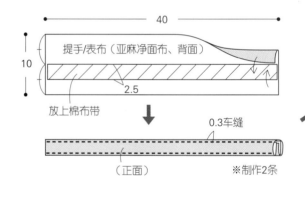

①1.5cm方格绗缝
1 滚边
②半回针缝
拉链侧身/别布b（正面）
铺棉
③藏针缝
里布（正面）
斜裁布/别布b（背面）
4cmX42cm2条
4

※制作2片

①从背面卷针缝
（正面）
②半回针缝缝上拉链
里布（正面）
2.5
2.5
缝合固定拉链
③藏针缝固定拉链两端

6. 缝合拉链侧身和包侧身

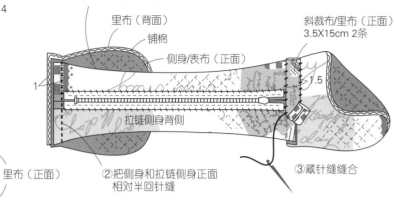

①侧身上叠放铺棉和里布，进行1.5cm方格绗缝
里布（背面）
铺棉
侧身/表布（正面）
斜裁布/里布（正面）
3.5X15cm 2条
1
1.5
拉链侧身背侧
②把侧身和拉链侧身正面相对半回针缝
③藏针缝缝合

7. 制作提手，暂时缝在主体上

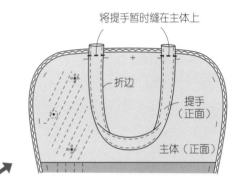

40
10
提手/表布（亚麻净面布、背面）
2.5
放上棉布带
0.3车缝
（正面）
※制作2条

将提手暂时缝在主体上
折边
提手（正面）
主体（正面）

8. 缝合主体与包侧身，用斜裁布条滚边包住缝份

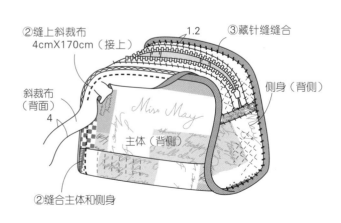

②缝上斜裁布
4cmX170cm（接上）
1.2
③藏针缝缝合
斜裁布（背面）
4
侧身（背侧）
主体（背侧）
②缝合主体和侧身

成品图

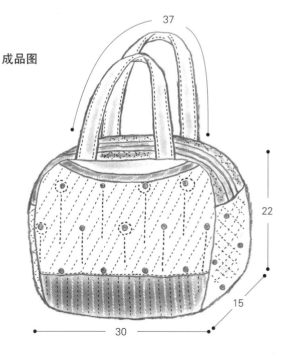

37
22
15
30

5

六边形布块组合的
手提包

第10页作品

★ **材料** 图案用表布…浅米黄色布 7种各30cmX30cm，深米黄色布 40cmX60cm（含包绳滚边用斜裁布 和提手用布），图案用里布、铺棉… 各50cmX100cm，里袋用布…亚麻风 浅米黄色棉布45cmX110cm，提手… 宽2.5cm腈纶布带70cm，直径0.8cm 圆绳100cm（滚边用），25号白色绣 线适量，极细茶色毛线适量

★ **成品尺寸** 28.5cmX43.5cmX5cm
★ **制作方法**

1. 参照裁剪方法示意图，裁出深米黄 色斜裁布4条。
2. 使用图案A～D的实物大小纸样，裁 出指定片数的表布。除C指定缝份以 外，其他均预留0.7cm缝份。
3. 2个D中，在4片麻布和2片深米黄 色布共6片布上刺绣。

4. 参照示意图，制作2片A、2片B、 10片C、28片D。
5. 参照制作示范，各个图案（含刺绣 图案）绗缝处理。※侧身图案用不同 的绗缝手法。
6. 拼接图案。如制作示范所示进行排 列，相邻的布块正面相对，卷针缝缝 合。前片、后片、侧身做好后，对齐 后缝成袋子。预先算好袋口尺寸（周

主体制作示范（里袋请参照实物大小纸样）

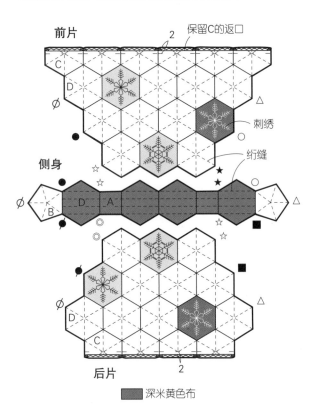

深米黄色布

裁剪方法

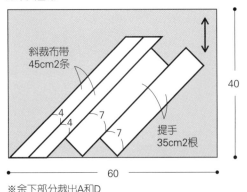

4. 制作图案

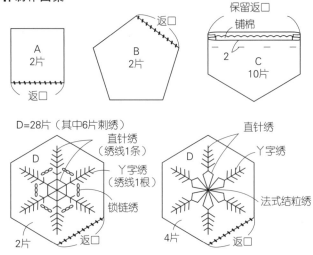

D=28片（其中6片刺绣）

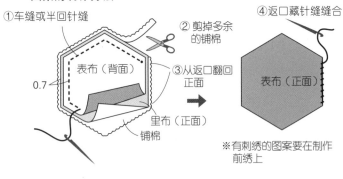

使用2片亚麻布茶色极细毛线

2片深米黄色布3根
25号白色绣线

<图案的制作方法>

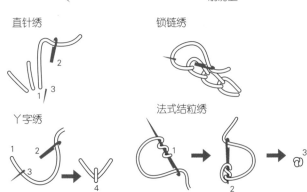

长约85cm）。

7. 制作包有圆绳的滚边，缝于袋口上。

8. 制作提手，缝于主体上。

9. 制作里袋，折起袋口缝份藏针缝于
主体内侧。

★ 实物大小纸样和刺绣的实物大小图
案请参照本书最后附页A面。

6. 拼接图案

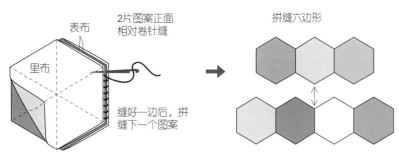

表布
里布
2片图案正面
相对卷针缝
缝好一边后，拼
缝下一个图案

拼缝六边形

7. 制作包有圆绳的滚边，缝于袋口上

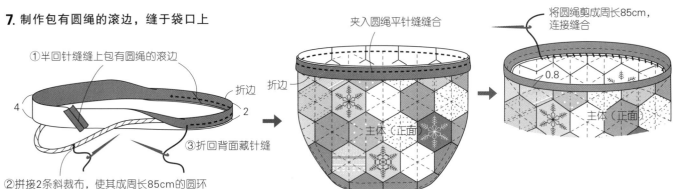

①半回针缝缝上包有圆绳的滚边
4
折边
2
③折回背面藏针缝
②拼接2条斜裁布，使其成周长85cm的圆环

夹入圆绳平针缝缝合
折边
主体（正面）

将圆绳剪成周长85cm，
连接缝合
0.8
主体（正面）

8. 制作提手，缝于主体上？

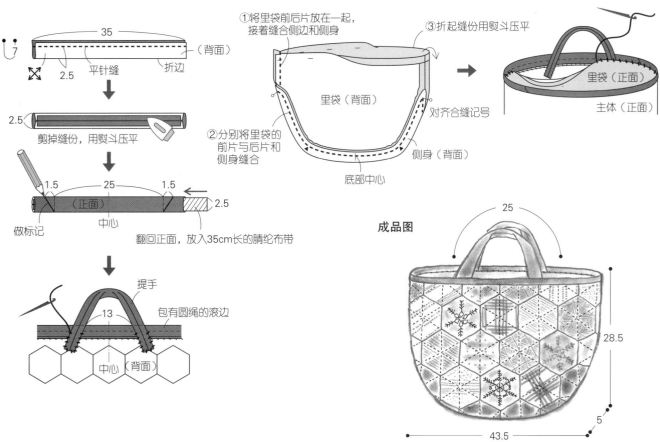

7
35
（背面）
2.5 平针缝 折边

2.5
剪掉缝份，用熨斗压平

1.5 25 1.5
（正面）2.5
做标记 中心
翻回正面，放入35cm长的腈纶布带

提手
13
中心（背面）
包有圆绳的滚边

9. 制作里袋，缝于主体内侧

①将里袋前后片放在一起，
接着缝合侧边和侧身
③折起缝份用熨斗压平
里袋（背面）
②分别将里袋的
前片与后片和
侧身缝合
底部中心
对齐合缝记号
侧身（背面）

藏针缝以隐藏包有圆绳
的滚边上的针脚
里袋（正面）
主体（正面）

成品图

25
28.5
5
43.5

7

蕾丝面料制作的
女式手提包

第12页作品

★ **材料** 主体表布…原色蕾丝面料
65cmX45cm，贴布用布…深、浅米
黄色系碎布4种各20cmX20cm，铺
棉、里布…各33cmX55cm，提手…
宽2cm亚麻布带70cm

★ **成品尺寸** 27cmX24cm

★ **制作方法**

1. 制作27cmX12cm的表布纸样，裁
剪4片并使其布纹一致。

2. 画实物大小纸样后，制作贴布纸
样，裁剪贴布。

3. 缝4片贴布于表布A上。

4. 将**3**如图所示拼接绗缝制作表侧。

5. 制成口袋。

6. 裁剪与表布同一蕾丝质地的贴边，
缝成环状。

7. 将提手和贴边缝于主体上。

制作示范

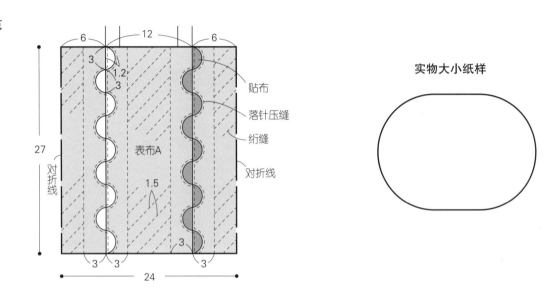

实物大小纸样

3. 缝贴布于表布A上

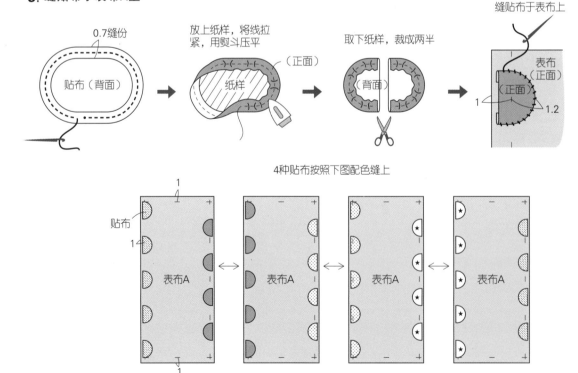

4. 制作表侧

① 缝合4片表布　　　　　② 画出绗缝线

铺棉

里布（背面）

2

2

※ 两端暂不绗缝

2

③ 三层重叠疏缝

④ 绗缝

⑤ 落针压缝

6. 制作贴边

50

9

+ 贴边（正面）←→ 1 缝份

1 1

贴边（背面） 1

剪掉

用熨斗折边

7. 将提手和贴边缝于主体上

① 在表布上疏缝提手

② 装上贴边，缝合口部

贴边（背面）

主体（正面）

2

提手用34cm长布带

贴边（正面）

主体（背面）

0.3点回针缝

藏针缝

5. 制成口袋

② 剪掉多余的铺棉，拼接缝合

① 缝合表布

③ 撕开表布，剪掉多余的里布，藏针缝

里布（正面）

④ 绗缝余下的部分

里布（正面）

缝合底部

剪掉一侧的缝份

1

包起来藏针缝

成品图

32

27

24

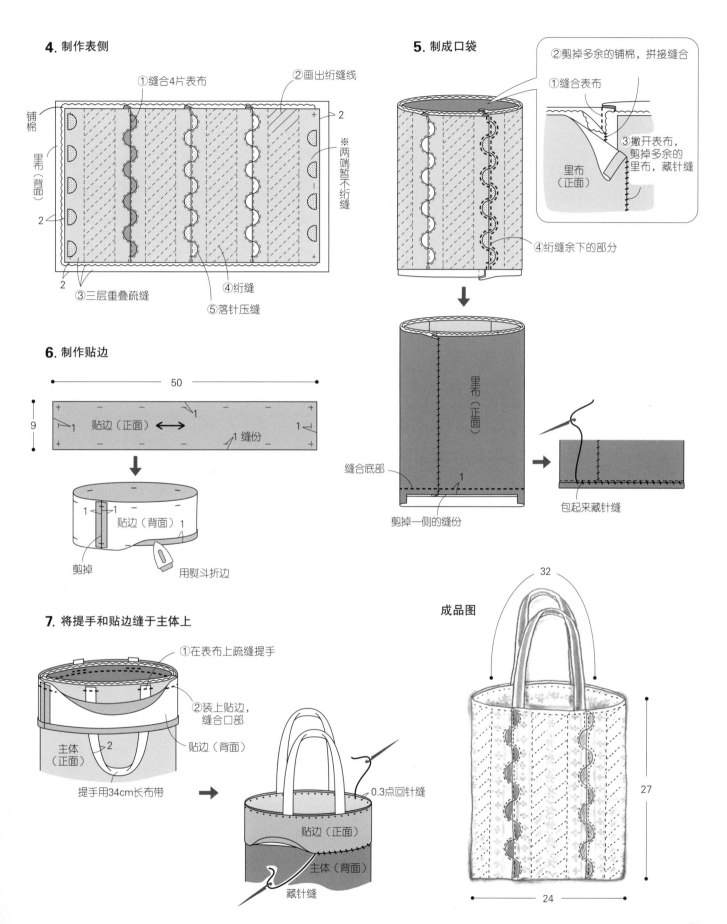

8

带贴布的书套

第13页作品

★ 材料 表布…米黄色净面亚麻布22cm×45cm，贴布用布…白色和米黄色碎布4种各适量，里布22cm×45cm，布带A、B…宽1cm亚麻布带40cm，直径1.2cm黑色纽扣2个，25号黑色绣线适量

★ 成品尺寸 参照成品图

★ 制作方法

1. 缝贴布和刺绣于表布上，暂时固定布带。

2. 将表布和里布正面相对缝合四周，翻回正面。

3. 缝合返口，翻折表布一侧，从里布侧卷针缝缝合上下两端，翻回正面。

4. 用两个纽扣夹住中央布带的一端，缝合固定。

实物大小图案

M

图示

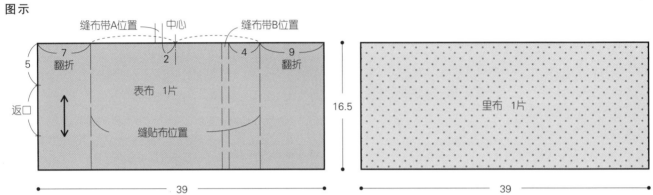

缝布带A位置　中心　缝布带B位置

7 翻折　2　4　9 翻折

5

返口

表布 1片

缝贴布位置

16.5

里布 1片

39　39

1. 缝上贴布和刺绣，暂时固定布带

3. 翻折表布一侧，缝合上下两端

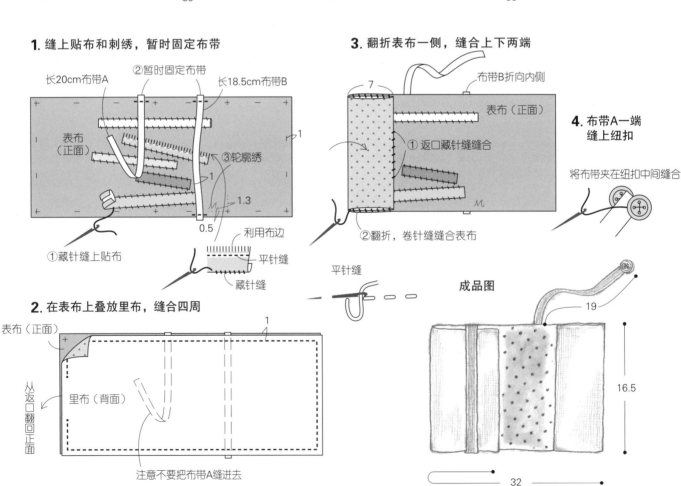

长20cm布带A　②暂时固定布带　长18.5cm布带B

表布（正面）

③轮廓绣

1

1.3

0.5

①藏针缝上贴布

利用布边

平针缝

藏针缝

7

布带B折向内侧

表布（正面）

①返口藏针缝缝合

②翻折，卷针缝缝合表布

4. 布带A一端缝上纽扣

将布带夹在纽扣中间缝合

平针缝

2. 在表布上叠放里布，缝合四周

表布（正面）

1

里布（背面）

从返口翻回正面

注意不要把布带A缝进去

成品图

19

16.5

32

9

拼缝布块的书套

第13页作品

★ **材料** 表布…米黄色、灰色、茶色、黑色等6种碎布各适量，里布22cmX45cm，布带A、B…宽1cm亚麻布带40cm，直径1.5cm塑料纽扣2个，字母印花布适量（包扣用）

★ **成品尺寸** 参照成品图

★ **制作方法**

1. 拼缝制作表布。

2. 与62页**1**、**2**同样的方法，暂时固定布带A、B于表布上，与里布正面相对缝合四周，翻回正面。

3. 缝合返口，从正面在各布块相接处落针压缝。

4. 按照62页**3**同样的方法，翻折表布一侧，从里布侧卷针缝合上下两端，翻回正面。用包扣夹住中央布带的一端，缝合固定。

图示

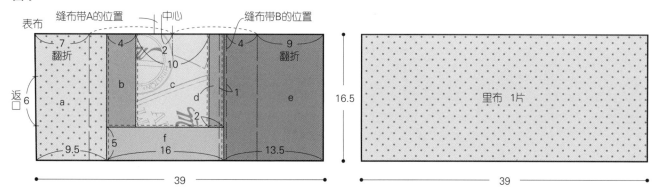

1. 拼缝

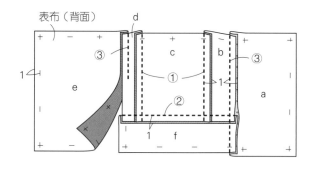

3. 落针压缝

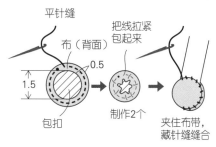

4. 处理翻折，缝上包扣

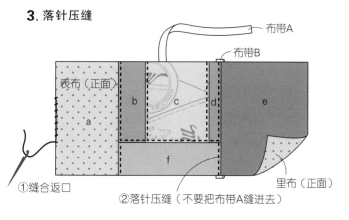

成品图

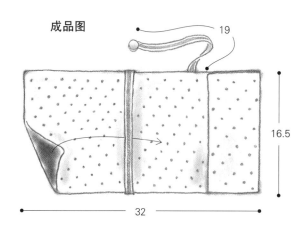

[10 包包]

★ 材料 前片表布…茶色系亚麻布共5种各适量，后片表布、侧身…深棕色净面亚麻布100cmX110cm（含前片表布A、口袋表里布、里袋、提手、斜裁布），衬布、铺棉…50cmX80cm，直径0.3cm圆绳240cm，13cm长拉链1条，拉链装饰1个，宽2cm棉布带80cm，磁扣1组

★ 成品尺寸 32.6cmX32.6cmX5cm

★ 制作方法

1. 制作实物大小纸样，预留1cm的缝份裁剪各个布块。预先裁好斜裁布。

2～4请参照示意图。

5.后片表布上叠放铺棉和衬布，然后纫缝。

6. 参照示意图制作侧身。

7～9请参照示意图。最后请参照第87页缝上磁扣。

[11 零钱包]

★ 材料 前片表布…茶色系亚麻布共5种各适量，后片表布…深棕色净面亚麻布40cmX50cm（含前片表布

A、里布、滚边用斜裁布），铺棉…20cmX40cm，13cm长拉链1条，拉链装饰1个

★ 成品尺寸 12.5cmX13cm

★ 制作方法

1. 制作实物大小纸样，预留0.7cm的缝份裁剪各个布块。预先裁好斜裁布。

2. 参照示意图制作前片，用3.5cmX45cm的斜裁布为四周滚边。

3. 参照示意图同样制作后片。

4. 缝合2、3，缝上拉链。

★ 实物大小纸样请参照本书最后附页A面。

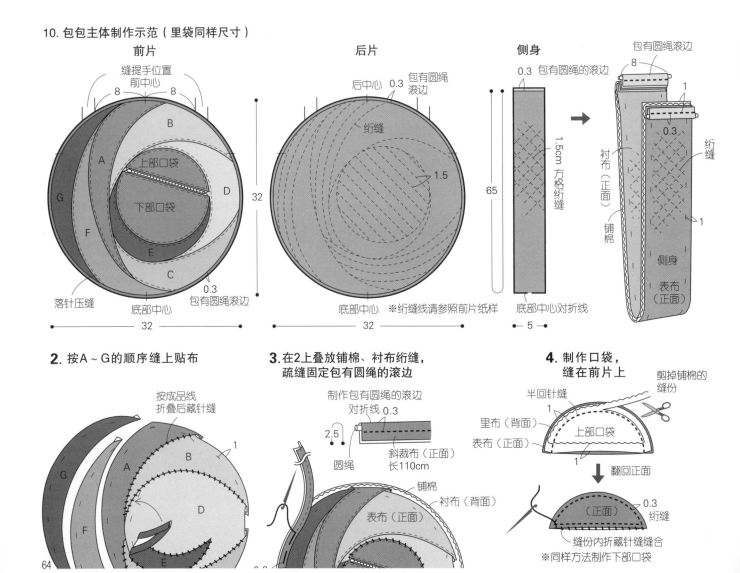

10. 包包主体制作示范（里袋同样尺寸）

7. 缝合前片、侧身、后片

8. 制作提手，缝合固定于主体上

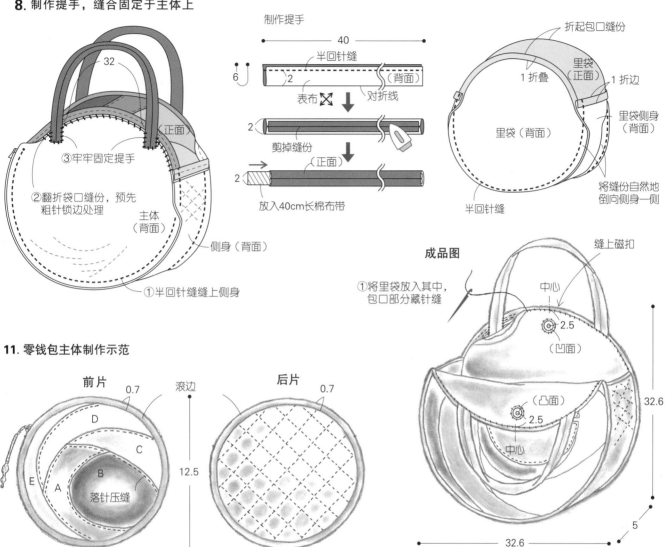

制作提手

半回针缝

表布

对折线

剪掉缝份

放入40cm长棉布带

40

6

2

（背面）

（正面）

2

2

9. 制作里袋

折起包口缝份

里袋（正面）

1 折叠

1 折边

里袋（背面）

里袋侧身（背面）

将缝份自然地倒向侧身一侧

半回针缝

32

③牢牢固定提手

②翻折袋口缝份，预先粗针锁边处理

主体（背面）

侧身（背面）

①半回针缝缝上侧身

成品图

①将里袋放入其中，包口部分藏针缝

缝上磁扣

中心

2.5

（凹面）

（凸面）

2.5

中心

32.6

32.6

5

11. 零钱包主体制作示范

前片

0.7

滚边

D

C

E

B

A

落针压缝

12.5

13

后片

0.7

13

2. 制作前片

①按A～E的顺序缝上贴布

②落针压缝

D

C

E

A

B

铺棉

里布（背面）

3. 制作后片

①1.5cm方格绗缝

0.7

②用斜裁布滚边

里布（背面）

铺棉（背面）

后片（正面）

0.7

3.5

4. 缝合前片和后片，装上拉链

②锁边

③藏针缝缝合

止缝处

止缝处

主体背面

①卷针缝

12

无袖连衣裙

第15页作品

★ **材料** 表布（素材均是亚麻布）…深棕色净面布120cm×110cm（含贴边）、米黄色净面布30cm×110cm、灰色系的米黄色净面65cm×110cm、浅米黄色净面25cm×30cm、薄黏合衬90cm×30cm、60cm长暗拉链1条、挂钩1组

★ **成品尺寸** 身长95cm、胸围96cm

★ **制作方法**

1. 用4种颜色的亚麻布裁剪需要的布块。贴边上粘上黏合衬。在裁剪拼合图中所示的∧∧∧∧∧部分和口袋外圈事先进行锯齿缝。

2. 缝合前片A的侧边皱褶，缝合其与后片A的肩部。

3. 缝合前、后贴边的肩部。

4. 将2和3正面相对，缝合袖窿、领窝，翻回正面。

5. 分别将B、C、D拼接缝合在前、后片A上。缝份的处理请参照示意图。

6. 从后中心的开叉止点缝合下部，缝上暗拉链。

7. 缝合侧边，修剪缝份。

8. 处理领口。

9. 缝上口袋。

10. 处理下摆。

图示

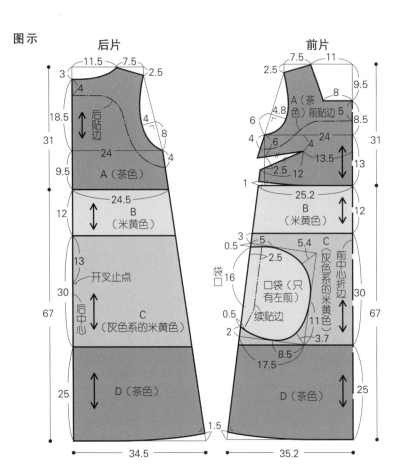

后片

前片

裁剪方法

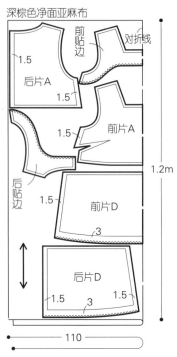

深棕色净面亚麻布

※除指定外其他均留1cm缝份，∧∧∧∧∧部分裁好后马上进行锯齿缝

2. 缝合前片A的皱褶，缝合其与后片A的肩部

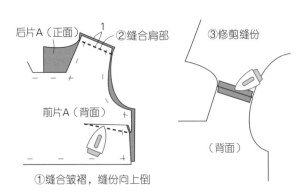

4. 前后身片缝合

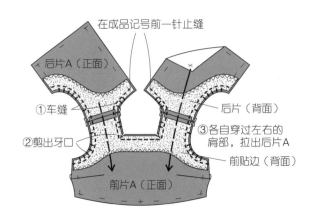

66

5. 分别将B、C、D拼接缝合在前、后片A上

6. 装拉链

8. 处理领口

成品图

7. 缝侧边

9. 缝上口袋

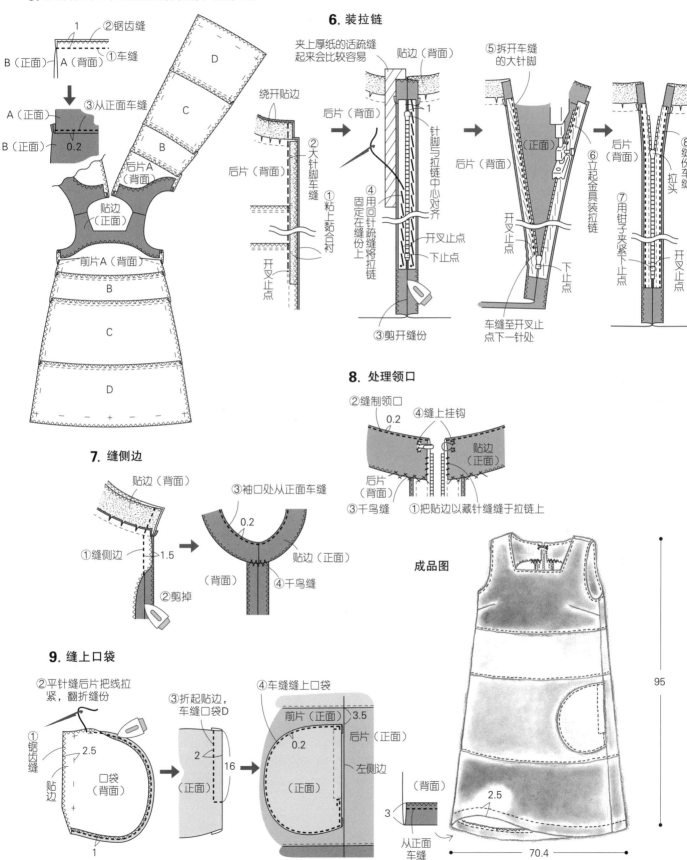

自由贴布缝的环保袋

第16、17页作品

[13 环保袋]
★ 材料 主体…原色麻棉混纺布 70cmX110cm（含提手、口袋用布）、贴布用布…5种米黄色系碎布适量
★ 成品尺寸 41cmX26cmX10cm
★ 制作方法
1. 裁布并在前片缝上贴布。直接裁剪的贴布用布疏缝或用固体胶暂时固定然后自由车缝固定。

2. 左侧片折边包缝。右侧片背面相对缝合，在正面侧剪开缝份，车缝压边。
3. 用回针缝针法缝合底部。将底部折角叠成三角形，缝10cm侧身。
4. 制作口袋，疏缝固定于后片背面（内侧）。
5. 制作提手，疏缝固定在包口。
6. 包口折三折，车缝压边。
★ 作品14~17制作方法相同。

★ 作品13~17贴布缩小一半的纸样请参照本书最后附页A面。

示意图

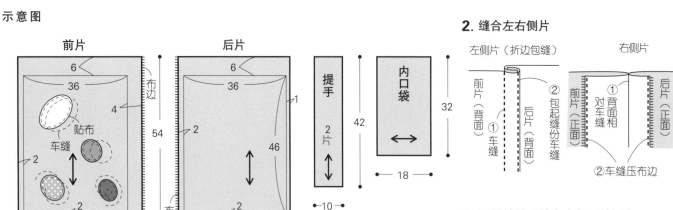

前片
6
36
4
54
贴布
车缝
2
2
2
42

后片
6
36
1
2
46
2
39
布边

提手
2
片
42
10

内口袋
32
18

2. 缝合左右侧片

左侧片（折边包缝）　　右侧片

前片（背面）　①车缝　后片（背面）　②包起缝份车缝

前片（正面）　①背面相对车缝　后片（正面）　②车缝压布边

3. 回针缝针法缝合底部，缝侧身

左侧边（正面）　（背面）　（背面）　10
缝合底部　0.8　1.2　缝合侧身

4. 制作口袋

口袋
18
车缝
1
折三折
18
12
（正面）
折边

1 折三折
车缝
（正面）
14

5. 制作提手，疏缝固定于包口处

提手
2
42
3.5
3.5
1
车缝压边

疏缝固定口袋
3
3
6
11
3
10
32
疏缝固定提手
前片（正面）

折三折车缝
3
（背面）

6. 包口折三折，车缝压边

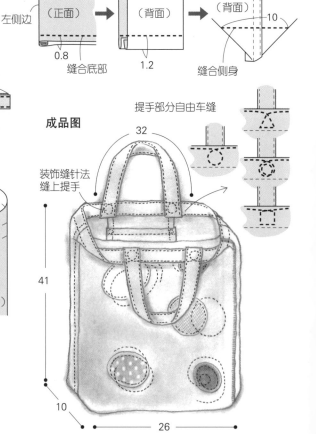

提手部分自由车缝

成品图

32
装饰缝针法缝上提手
41
10
26

18、19

浅咖啡色花朵图案贴布绣大手提袋和棕色系叶子印花贴布缝大手提袋

第18、19页作品

★ 材料 [18 大手提袋]
A：主体前片…米黄色底白色条纹边亚麻布50cmX70cm（含提手用布），主体后片…米黄色底白色条纹边亚麻布50cmX130cm（含里袋用布），贴布用布…灰色花朵图案印花布40cmX55cm

★ 材料 [19 大手提袋]
B：主体前、后片…淡茶色净面亚麻布50cmX110cm，里袋布…米黄色格子纹50cmX90cm，贴布用布…茶色花朵图案印花布40cmX55cm

★ 成品尺寸 参照成品图

★ 制作方法（作品18、19共用）
1. A的表布前、后片分开来剪，B的表布用一布块裁剪。A、B的里布均用一布块，表布、里布均预留1.5cm缝份。
2. 缝合A的表布的一个侧边，剪掉多余缝份。缝上剪下的花朵图案贴布。

3. 缝合剩下的侧边和底部，缝侧身。将侧身的折角倒向底侧缝合固定在缝份上。
4. 制作提手，疏缝暂时固定在主体的装提手位置上。
5. 里袋留下返口缝成袋状，制作与表布同样的侧身。
6. 将主体和里袋正面相对，缝合包口。
7. 从返口翻回正面，缝合返口。车缝袋口。

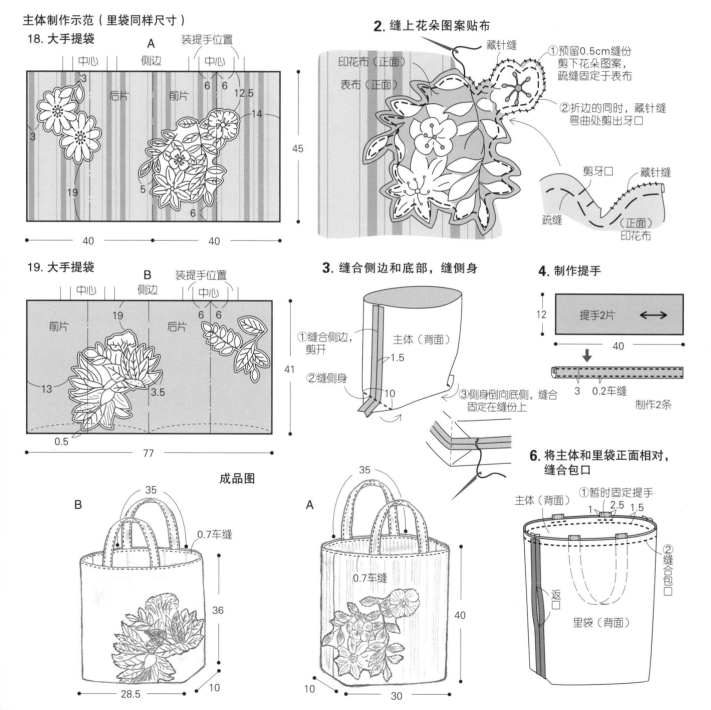

主体制作示范（里袋同样尺寸）

18. 大手提袋

2. 缝上花朵图案贴布

3. 缝合侧边和底部，缝侧身

4. 制作提手

19. 大手提袋

6. 将主体和里袋正面相对，缝合包口

成品图

20

迷你刺绣壁饰

第22页作品

★ **材料** 表布（底布）…原色净面布50cmX50cm、浅米黄色净面布50cmX20cm、深米黄色净面布10cmX60cm，贴布用布…米黄色净面布和英文字母印花布等各适量，铺棉、里布…各60cmX65cm，装饰部件…纽扣、串珠、亮片、饰带、金属线、波浪形饰带、细绳、珍珠纱各适量，滚边条（斜裁布）4种…6cmX65cm2条，6cmX60cm2条，25

号绣线深棕色适量，深棕色、黄土色各色极细毛线适量

★ **成品尺寸** 52cmX58cm

★ **制作方法**

1. 拼缝制作表布（底布）。

2. 在原色部分绣上深棕色放射状图案后，缝上小印花布、时尚画刺绣布的贴布。左侧缝上树木刺绣，下侧缝合固定波浪形饰带和布边。

3. 在**2**上依次叠放铺棉和里布纫缝。

各个刺绣边缘处落针压缝。

4. 周围四边分别用其他的布滚边处理。

5. 缝上纽扣、串珠、亮片等饰物。

★ 缩小一半的图案请参照本书最后附页A面。

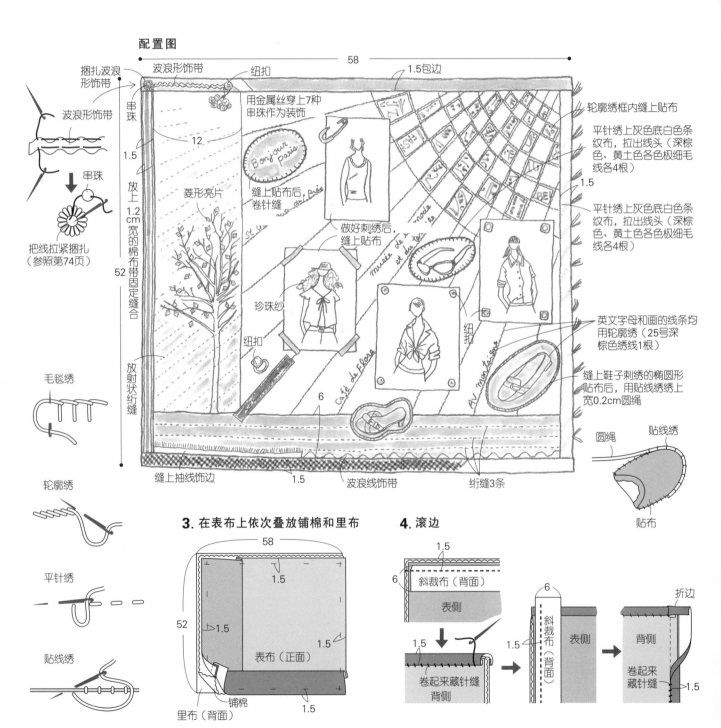

配置图

捆扎波浪形饰带
波浪形饰带
串珠
把线拉紧捆扎（参照第74页）
毛毯绣
轮廓绣
平针绣
贴线绣

波浪形饰带　纽扣　　　58　　　1.5包边
用金属丝穿上7种串珠作为装饰
12
1.5
放上1.2cm宽的棉布带固定缝合
52
放射状纫缝
菱形亮片
缝上贴布后，卷针缝
Bonjour Paris
做好刺绣后，缝上贴布
珍珠纱
纽扣
纽扣
6
缝上抽线饰边　　1.5　　波浪线饰带　　纫缝3条

轮廓绣框内缝上贴布
平针绣上灰色底白色条纹布，拉出线头（深棕色、黄土色各色极细毛线各4根）
平针绣上灰色底白色条纹布，拉出线头（深棕色、黄土色各色极细毛线各4根）
1.5
英文字母和画的线条均用轮廓绣（25号深棕色绣线1根）
缝上鞋子刺绣的椭圆形贴布后，用贴线绣绣上宽0.2cm圆绳
圆绳　贴线绣
贴布
贴布

3. 在表布上依次叠放铺棉和里布

58
52
1.5
1.5
1.5
表布（正面）
铺棉
里布（背面）
1.5

4. 滚边

1.5
6
斜裁布（背面）
表侧
1.5
6
斜裁布（背面）
表侧
折边
背侧
卷起来藏针缝
1.5
1.5
卷起来藏针缝背侧

21、22

艺术拼贴挂画

第24、25页作品

★ **材料**（2款共通、1款份量）
底布…米黄色净面和接近于净面编织条纹布30cmX30cm，贴布用布…纯棉和亚麻印花布各适量，铺棉…22cmX22cm，装饰线等花样毛线各适量，串珠、亮片、装饰扣等依据喜好各适量，25号、5号绣线依据喜好各色适量，厚纸（底纸用）…22cmX22cm，内径21cm方形画框1个

★ **成品尺寸** 21cmX21cm（画框内径）

★ **制作方法**

1. 将实物大小图案描在底布上，制作贴布纸样。

2. 底布上缝上喜欢的贴布，然后刺绣。

3. 在 **2** 上缝上用布、花样毛线和毛线等制作的花朵装饰。

4. 缝上串珠、亮片和装饰扣等。

5. 在底布上卷上铺棉和底纸，用线和布带等将布边固定在背侧后，装入画框内。

★ **实物大小图案请参照本书最后附页B面。**

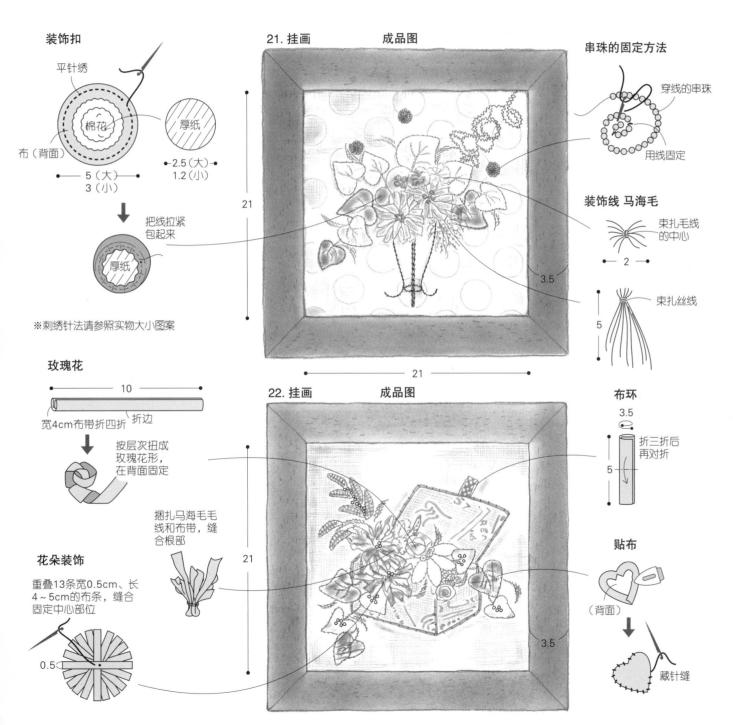

装饰扣

平针绣

棉花

布（背面）

厚纸

5（大）
3（小）

2.5（大）
1.2（小）

把线拉紧包起来

厚纸

※刺绣针法请参照实物大小图案

玫瑰花

10

宽4cm布带折四折

折边

按层次扭成玫瑰花形，在背面固定

花朵装饰

重叠13条宽0.5cm、长4~5cm的布条，缝合固定中心部位

0.5

捆扎马海毛毛线和布带，缝合根部

21. 挂画 成品图

21

21

3.5

22. 挂画 成品图

21

3.5

串珠的固定方法

穿线的串珠

用线固定

装饰线 马海毛

束扎毛线的中心

2

束扎丝线

5

布环

3.5

折三折后再对折

5

贴布

（背面）

藏针缝

23

花朵图案置物盒

第26页作品

★ **材料** 侧面、底部表布…黑色净面亚麻布40cmX40cm，盖子、内侧布…米黄色净面亚麻布60cmX40cm，铺棉、底纸用厚纸…各50cmX50cm，化纤棉少量，拼花用…波浪形饰带、缎带、花样毛线等各适量，人造花2个，串珠、亮片、纽扣各适量，5号绣线黑色、25号绣线米黄色各适量

★ **成品尺寸** 参照成品图

★ **制作方法**

1. 预留2cm缝份裁剪各个布块。

2. 制作侧面A、B和底部。侧边表布上放上铺棉和底纸，并卷起藏针缝。同样制作侧面内侧布，与表布合在一起藏针缝缝合四周。同样的方法制作底部。

3. 以底部为中心放上侧面A、B，从表布侧卷针缝缝合。缝好底部后立起侧

面，侧边卷针缝缝合。

4. 制作各种花朵图案，缝合固定在盖子表布上，然后缝上刺绣图案。

5. 参照示意图制作盖子表布和盖子内侧布，暂时固定好布环后，将盖子表布和内侧布背面相对缝合。

★ 实物大小图案请参照本书最后附页A页。

示意图

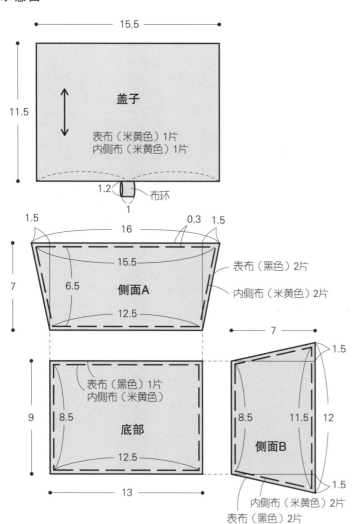

2. 制作侧面A、B

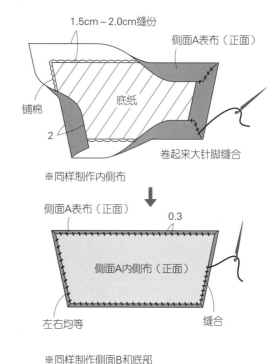

3. 缝合底部和侧面

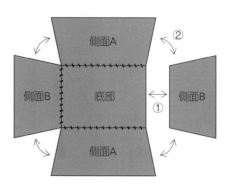

卷针缝缝合各表布

4. 盖子表布上缝上刺绣和花朵装饰

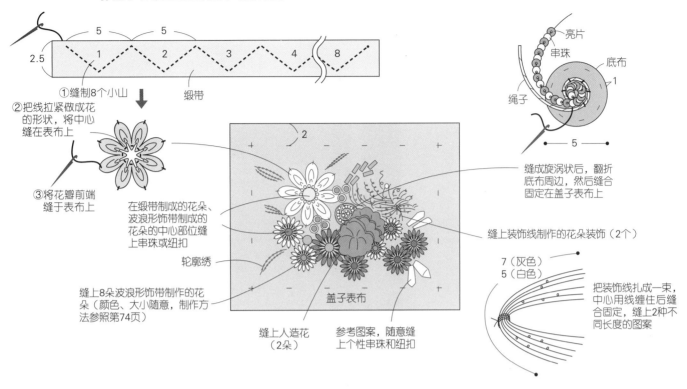

①缝制8个小山

缎带

2.5 / 5 / 5 / 1 / 2 / 3 / 4 / 8

②把线拉紧做成花的形状，将中心缝在表布上

③将花瓣前端缝于表布上

在缎带制成的花朵、波浪形饰带制成的花朵的中心部位缝上串珠或纽扣

轮廓绣

缝上8朵波浪形饰带制作的花朵（颜色、大小随意，制作方法参照第74页）

缝上人造花（2朵）

参考图案，随意缝上个性串珠和纽扣

盖子表布

亮片
串珠
底布
绳子
1
5

缝成旋涡状后，翻折底布周边，然后缝合固定在盖子表布上

缝上装饰线制作的花朵装饰（2个）

7（灰色）
5（白色）

把装饰线扎成一束，中心用线缠住后缝合固定，缝上2种不同长度的图案

5. 用表布和内侧布制作，缝合盖子

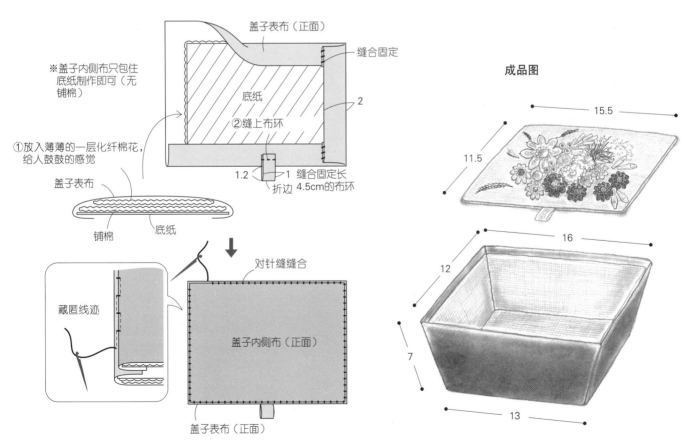

盖子表布（正面）

缝合固定

底纸

②缝上布环

2

※盖子内侧布只包住底纸制作即可（无铺棉）

①放入薄薄的一层化纤棉花，给人鼓鼓的感觉

盖子表布

铺棉

底纸

1.2 / 1 缝合固定长4.5cm的布环

折边

藏匿线迹

对针缝缝合

盖子内侧布（正面）

盖子表布（正面）

成品图

15.5
11.5

16
12
7
13

73

24

花朵图案置物篮

第27页作品

★**材料** 表布（含内侧布）…80cmX110cm，底纸（厚纸）、铺棉…各60cmX90cm，宽1.5cm黑色波浪形饰带…350cm，直径0.9cm白色圆形装饰4个，布用黏合剂适量

★**成品尺寸** 参照成品图

★**制作方法**

1．用波浪形饰带制作5个花朵装饰。将波浪形饰带和花朵装饰缝于侧面。缝上圆形装饰或纽扣作为花蕊。

2．将底纸放在直接裁剪的提手用布上，将布边对在一起用黏合剂粘住，波浪形饰带也用黏合剂粘上。

3．分别制作侧面、底部表布和内侧

布，表布上端缝上波浪形饰带。

4．将3的表布和内侧布背面相对缝合四周，制作侧面和底部。在侧面A和A'中间夹上提手并事先连接缝好。

5．从表侧缝合底部与侧面A、A'、B、B'的底侧。立起侧面缝合侧边。

示意图

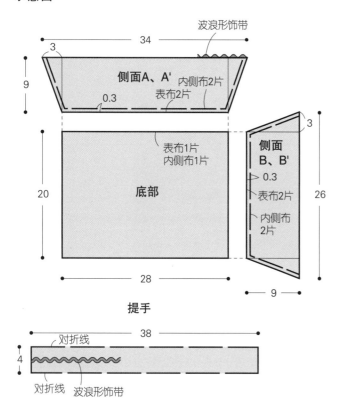

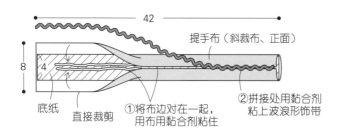

花朵装饰的制作方法

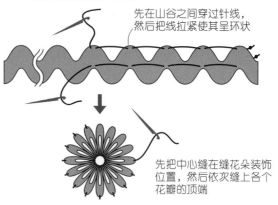

先在山谷之间穿过针线，然后把线拉紧使其呈环状

先把中心缝在缝花朵装饰位置，然后依次缝上各个花瓣的顶端

1．缝上波浪形饰带和花朵装饰

※侧面A，无装饰

①缝上波浪形饰带　②缝上花朵装饰

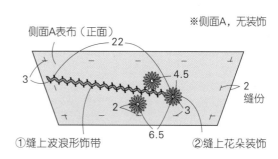

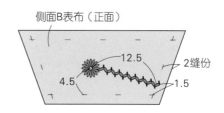

2．制作提手

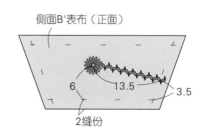

3. 制作侧面、底部表布和内侧布

4. 缝合表布和内侧布

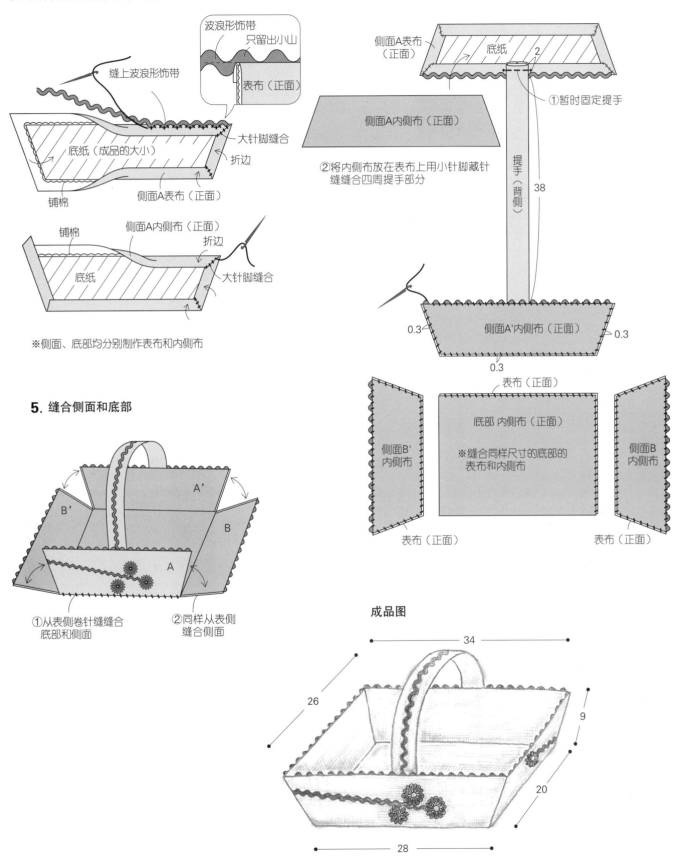

波浪形饰带

只留出小山

表布（正面）

缝上波浪形饰带

底纸（成品的大小）

铺棉

大针脚缝合

折边

侧面A表布（正面）

铺棉

侧面A内侧布（正面）

折边

底纸

大针脚缝合

※侧面、底部均分别制作表布和内侧布

侧面A表布（正面）

底纸

①暂时固定提手

侧面A内侧布（正面）

②将内侧布放在表布上用小针脚藏针缝缝合四周提手部分

提手（背侧）

38

2

0.3

侧面A'内侧布（正面）

0.3

0.3

表布（正面）

底部 内侧布（正面）

※缝合同样尺寸的底部的表布和内侧布

侧面B'内侧布

侧面B内侧布

表布（正面）

表布（正面）

5. 缝合侧面和底部

B'

A'

B

A

①从表侧卷针缝缝合底部和侧面

②同样从表侧缝合侧面

成品图

34

26

9

20

28

★ **材料**（2款共通、1款份量） 拼贴用碎布、缎带、波浪形饰带依据喜好各适量，空盒子…长方形盒子（25）、附盖圆盒（26），布用黏合剂适量，装饰用线轴和金属线依据喜好使用（25）

★ **成品尺寸** 参照成品图

★ **制作方法**

将喜欢的布剪成喜欢的形状，用布用黏合剂贴上直接裁剪的布和缎带、布带等。为长方形盒子缝上穿有金属线的线轴提手。

※ 空盒子表面弄得干净一点以便于粘贴。

26. 贴布小物收纳盒（圆形）

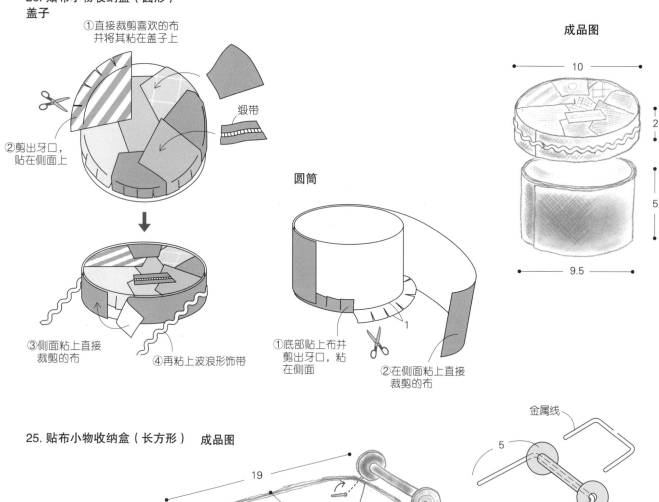

盖子

①直接裁剪喜欢的布并将其粘在盖子上

②剪出牙口，贴在侧面上

缎带

③侧面粘上直接裁剪的布

④再粘上波浪形饰带

圆筒

①底部贴上布并剪出牙口，粘在侧面

②在侧面粘上直接裁剪的布

成品图

10

2

5

9.5

25. 贴布小物收纳盒（长方形） 成品图

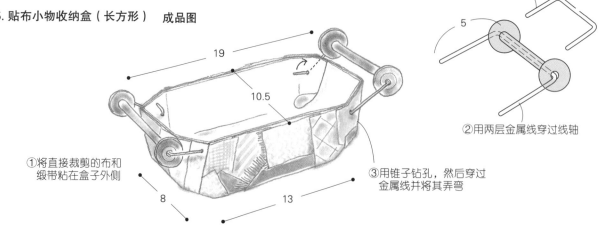

①将直接裁剪的布和缎带粘在盒子外侧

19

10.5

8

13

金属线

5

②用两层金属线穿过线轴

③用锥子钻孔，然后穿过金属线并将其弄弯

27~29

便携式裁缝
工具包

第29页作品

<3款共通> 表布使用米黄色净面亚麻布

★ 成品尺寸 3款均参照成品图

[27 剪刀袋]
★ 材料 表布、里布各10cmX10cm，宽0.7cm棉布带30cm，黑色25号绣线适量
★ 制作方法
1. 表布和里布正面相对缝合四周，然后翻回正面。
2. 将0.5cm返口折入内侧并夹住棉布带，返口藏针缝缝合。
3. 背面相对藏针缝缝合四周，滚边处理。

[28 针插]
★ 材料 表布15cmX30cm，化纤棉适量，宽1cm原色波浪形饰带40cm，黑色25号绣线适量
★ 制作方法
1. 将缝有刺绣的前片表布和疏缝固定有波浪形饰带的后片表布正面相对，缝合返口以外的周围其他部分。翻回正面塞入化纤棉，缝合返口。

[29 折叠式针袋]
★ 材料 表布30cmX30cm，黑色毛毡

6cmX5cm，别针1个，黑色25号绣线适量
★ 制作方法
1. 裁剪表布A~E，刺绣于E上。
2. 缝合表布A、B、C。
3. 将2和表布E正面相对缝合四周，然后从返口翻回正面。
4. 制作D，并将其缝在B上。
5. 用平针缝针法缝合四周，用别针固定毛毡。

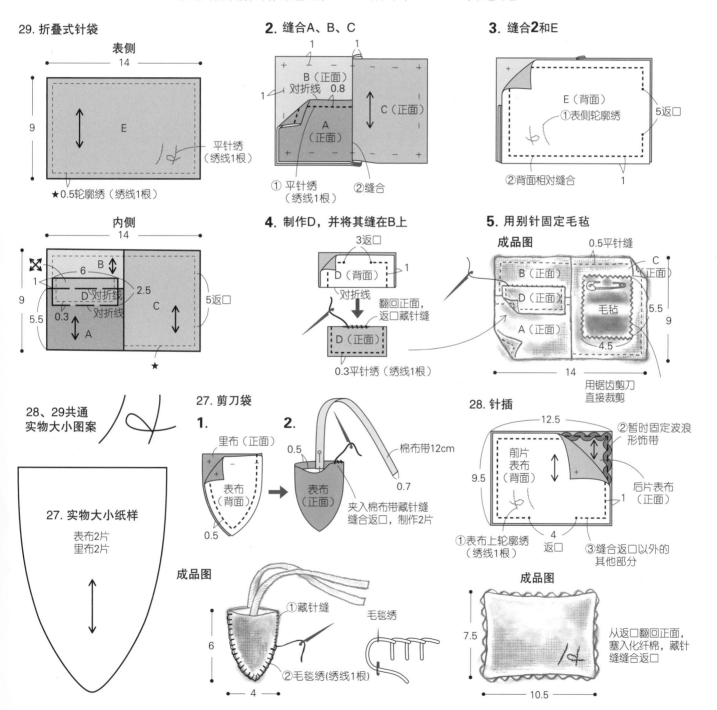

29. 折叠式针袋

表侧

14

9

E

平针绣（绣线1根）

★0.5轮廓绣（绣线1根）

内侧

14

6　B
1
D 对折线　2.5
　　对折线
9
0.3
5.5
A　　C
5返口

★

2. 缝合A、B、C

1　　1
B（正面）
对折线　0.8
1
A（正面）　C（正面）
① 平针绣（绣线1根）
②缝合

3. 缝合2和E

E（背面）
①表侧轮廓绣
5返口
②背面相对缝合
1

4. 制作D，并将其缝在B上

3返口
D（背面）　1
对折线
翻回正面，返口藏针缝
D（正面）
0.3平针绣（绣线1根）

5. 用别针固定毛毡

成品图

0.5平针缝
B（正面）　C（正面）
D（正面）
毛毡
A（正面）　5.5
4.5　9
14
用锯齿剪刀直接裁剪

28、29共通 实物大小图案

27. 实物大小纸样

表布2片
里布2片

27. 剪刀袋

1.
里布（正面）
表布（背面）
0.5
0.5

2.
棉布带12cm
表布（正面）
0.5
0.7
夹入棉布带藏针缝缝合返口，制作2片

成品图
①藏针缝
毛毯绣
②毛毯绣（绣线1根）
6
4

28. 针插

12.5
前片表布（背面）
9.5
②暂时固定波浪形饰带
后片表布（正面）
1
①表布上轮廓绣（绣线1根）
4　返口
③缝合返口以外的其他部分

成品图
7.5
10.5
从返口翻回正面，塞入化纤棉，藏针缝缝合返口

32

单色系贴布
缝手提包

第34页作品

★ 材料 主体表布（底布）…黑色净面棉布45cm×90cm，贴布用布…灰色和黑色碎布适量，衬布、铺棉…各45cm×90cm，里袋布（含提手用布）…黑色净面编织纹棉布45cm×110cm，宽2.5cm棉布带80cm

★ 成品尺寸 39cm×33cm

★ 制作方法

1. 裁剪37cm×82cm带缝份表布，画出贴布位置。

2. 制作不规则四角形1～38的纸样，裁剪贴布用布，缝在**1**上。

3. 在**2**上自由画出纫缝线，依次叠放上铺棉和衬布纫缝。贴布边缝处落针压缝。

4. 将主体正面相对对折，半回针缝合两侧边。剪掉多余缝份。

5. 制作里袋。

6. 将主体和里袋正面相对，缝合包口。剪掉多余的缝份，从里袋的返口翻回正面，缝合口部。

7. 制作提手，缝在主体上。

★ 实物大小纸样请参照本书最后附页B面。

主体制作示范（里袋尺寸相同）

2. 缝上贴布

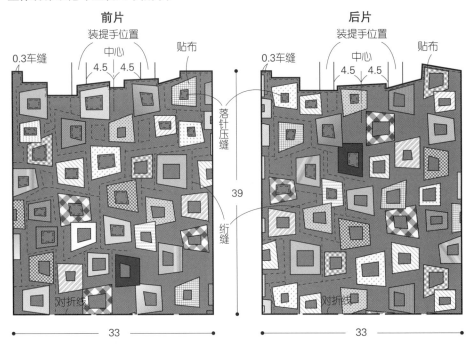

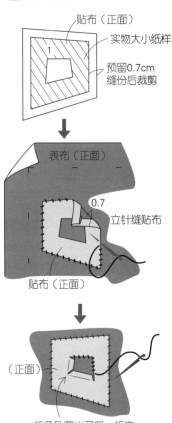

1. 在表布上画出纸样（※纸样☆画2次，纸样★画1次）

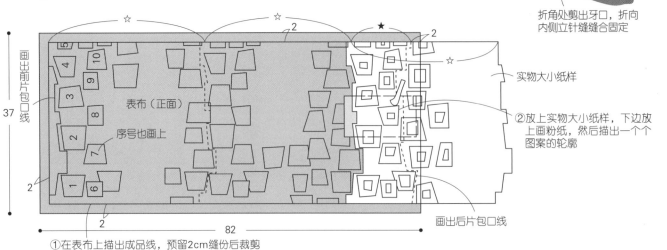

①在表布上描出成品线，预留2cm缝份后裁剪

3. 绗缝

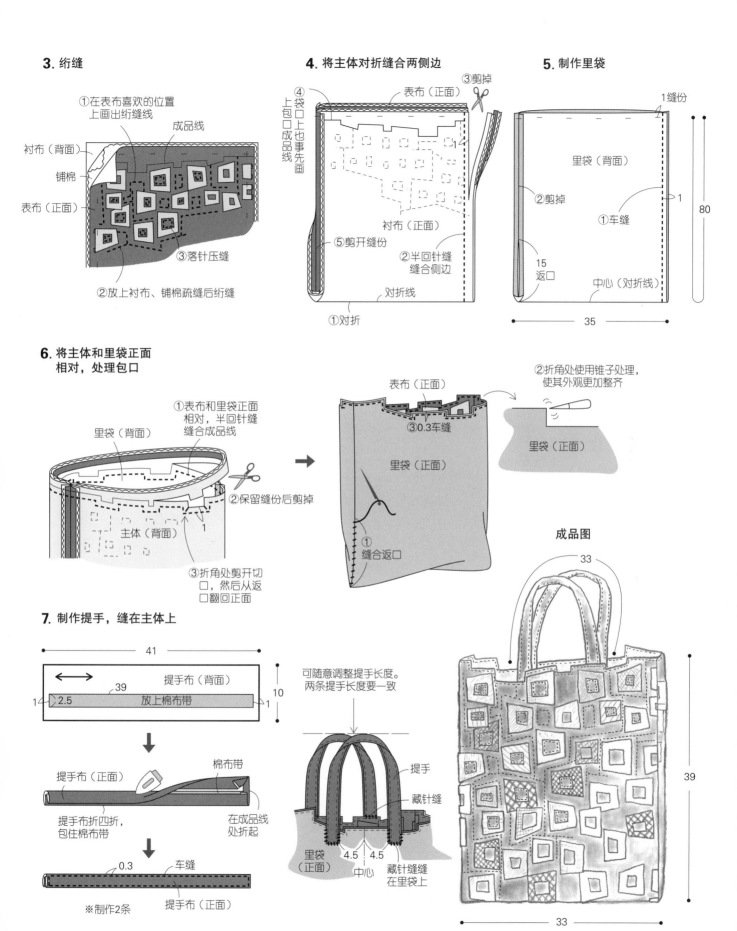

①在表布喜欢的位置上画出绗缝线
成品线
衬布（背面）
铺棉
表布（正面）
③落针压缝
②放上衬布、铺棉疏缝后绗缝

4. 将主体对折缝合两侧边

④
上包口成品线
上包口上也事先画
表布（正面）
③剪掉
衬布（正面）
⑤剪开缝份
②半回针缝缝合侧边
对折线
①对折
1

5. 制作里袋

1缝份
里袋（背面）
②剪掉
①车缝
15 返口
中心（对折线）
80
1
35

6. 将主体和里袋正面相对，处理包口

里袋（背面）
①表布和里袋正面相对，半回针缝缝合成品线
②保留缝份后剪掉
主体（背面）
1
③折角处剪开切口，然后从返口翻回正面

表布（正面）
③0.3车缝
里袋（正面）
①缝合返口

②折角处使用锥子处理，使其外观更加整齐
里袋（正面）

成品图

33
39
33

7. 制作提手，缝在主体上

41
39
10
14
2.5
提手布（背面）
放上棉布带
1

提手布（正面）
棉布带
提手布折四折，包住棉布带
在成品线处折起

0.3
车缝
提手布（正面）
※制作2条

可随意调整提手长度。两条提手长度要一致
提手
藏针缝
里袋（正面）
4.5 4.5
中心
藏针缝缝在里袋上

33

四边形布块拼缝的无袖连衣裙

第35页作品

★ **材料** 后片（含细带用布）…黑色竖条纹毛织布150cmX60cm，前后裙…黑色、深棕色、深灰色毛织布25～30种各适量，下摆、领口、袖口贴边…黑色衬料90cmX50cm

★ **成品尺寸** 身长101.5cm、胸围100cm

★ **制作方法**

1. 裁剪72片拼缝裙子用10cmX10cm的各种毛织品布块，并预留1cm缝份，放在一起进行配色。制作12列纵向6片连接的布块，分别将2片布块缝份锯齿缝处理。倒向方法参照示意图。将12列拼接在一起成120cm的环状。

2. 将2条5cmX62cm衬料缝成环状，缝在下摆上。

3. 预留1cm缝份裁剪前、后身，肩部和侧边锯齿缝处理。

4. 缝合前后片皱褶。

5. 缝合如图所示的2条6cmX52cm的细带，并暂时固定在前片上。

6. 缝合肩部和侧边，剪掉缝份。

7. 裁剪3条2cmX70cm衬料（斜裁），处理领口和袖口。

8. 平针缝缝合裙子的腰围线，捏出皱褶使其成98cm，将其与前后片的腰身部位正面相对缝合。

示意图

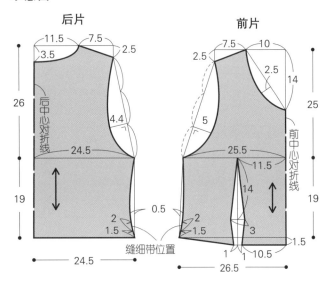

后片 　　　　　前片

1. 拼缝制作裙子

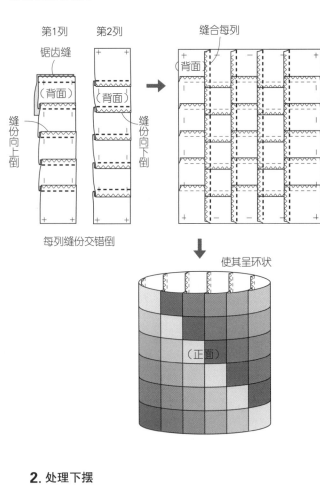

第1列　第2列　　　缝合每列

锯齿缝

（背面）　（背面）

缝份向上倒　　　缝份向下倒

每列缝份交错倒

使其呈环状

（正面）

前后片（裙子）

细带　2条

2. 处理下摆

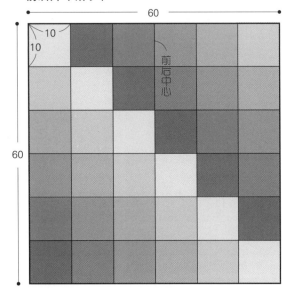

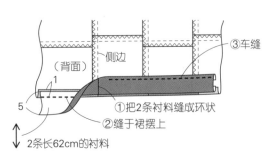

③车缝

侧边

（背面）

①把2条衬料缝成环状

②缝于裙摆上

2条长62cm的衬料

80

3. 前后片的肩部和侧边的
缝份进行锯齿缝

锯齿缝

后片（背面）

缝合褶子
缝份倒向中心

前片
（背面）

1.5

4. 缝合前后片褶子

5. 制作细带，暂时固定在前片的
装细带位置

52

1车缝

6

2条细带 　对折线　（背面）　2

1　车缝　剪掉缝份

翻回正面

2

0.2车缝

7. 用斜裁布处理领口和袖口

①斜裁布（背面）

1

缝在袖口上

前片（正面）

2

折起布头

③翻折藏针缝

（背面）

1

④从正面车缝

0.2

0.5

（正面）

②剪齐缝份，
剪出牙口

※领口同样处理

8. 缝合裙子和前后片的腰部

侧边　后中心

①平针缝缝合腰部，捏出褶子

侧边

前
中
心

裙子（正面）

②放入前后片，
背面相对车缝

③将2片缝份用
锯齿缝缝合

前片（背面）

裙子（背面）

前片（正面）

0.2

④缝份倒向前后片，
然后从正面车缝

成品图

101.5

50

60

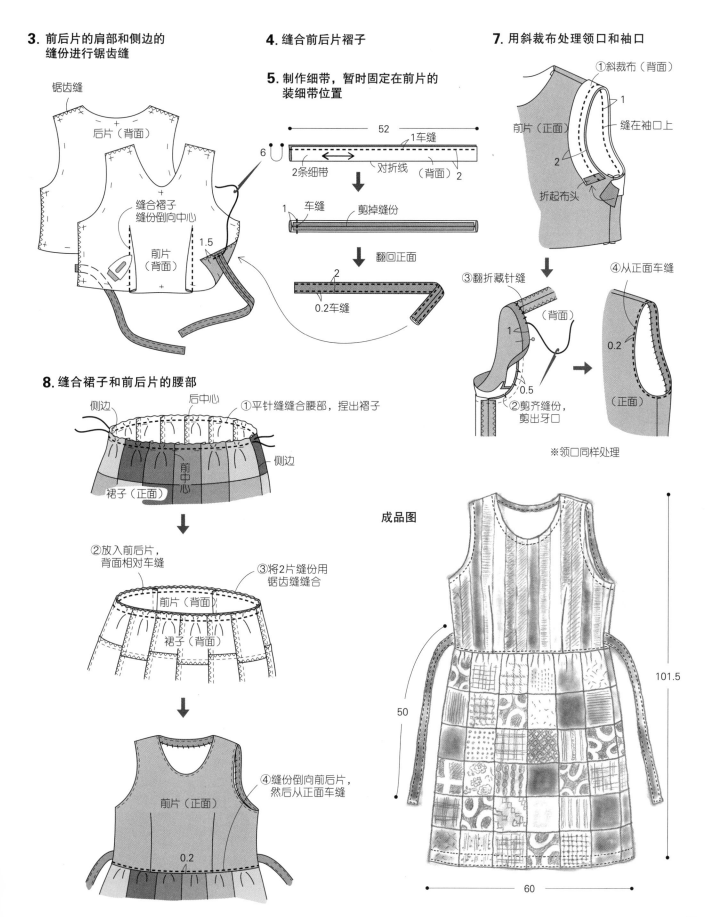

81

34

贴布缝手提包

第36页作品

★ **材料** 主体…前片A：原色格子纹布45cmX45cm，前片B：深灰色和深棕色碎布10种各适量，前片DEFG：灰色竖条纹棉布100cmX110cm（含后片、侧身、口袋里布、贴边用斜裁布、提手用布），里布…80cmX110cm，铺棉80cmX100cm

★ **成品尺寸** 41.5cmX32cmX8cm

★ **制作方法**

1. 制作实物大小纸样A~G，裁剪各种面料的A24片，B24片，D21片，E6片，F2片，G3片。※先从灰色竖条纹布上裁剪1条8cmX85cm包口贴边用斜裁布，从里布上裁剪2条4cmX120cm处理缝份用斜裁布后，再裁剪其他部分。

2. 拼缝主体前片和口袋。画上绗缝线。

3. 在2的主体前片上叠放铺棉和里布，绗缝处理。

4. 裁剪主体后片和侧身，画出绗缝线，依次叠放铺棉和里布绗缝。

5. 将2中拼接好的口袋表布和里布（灰色竖条纹）正面相对，再放上铺棉，缝合返口以外的其他部分，然后翻回正面。缝合返口，将其缝合固定于主体后片上。

6. 半回针缝缝合前片、后片和侧身。用1中里布上裁剪的斜裁布处理缝份。包口四周约79cm。

7. 将1中裁剪的斜裁布缝成79cm的环状，处理包口贴边。

8. 制作提手，缝于主体上。

★ A~G的实物大小纸样请参照本书最后附页B面。

主体制作示范

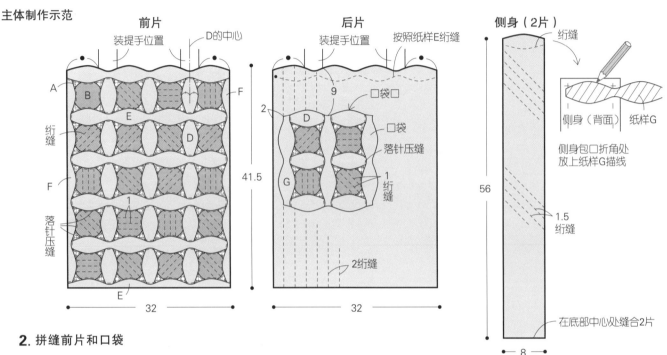

2. 拼缝前片和口袋

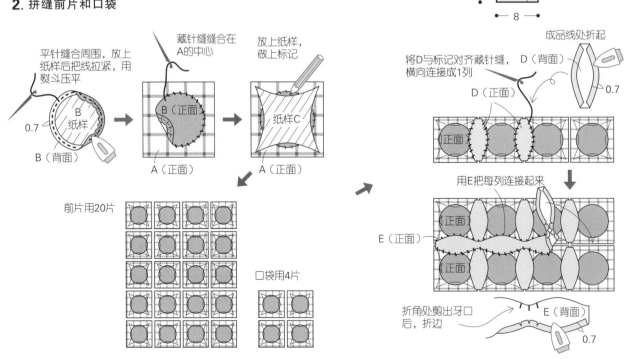

82

左右缝上F，上下缝上E，
下侧的E剪掉多余部分，
预留0.7cm缝份

E（正面）

①

F（正面）

正面

①

F（正面）

F（正面）

①

0.7 E（正面）

②

③只剪掉下侧的E

5. 制作口袋，缝于后片上

①缝合

②在针迹处剪掉
多余铺棉

表布　背面

正面相对

里布（正面）
※裁成与表布
同样尺寸

铺棉

5

留下返口

翻回正面

纫缝

正面

落针压缝

藏针缝缝合返口

缝在后片缝合位置

6. 将侧身缝于前片和后片上，用斜裁布卷起缝份

前片（正面）

①正面相对半回
针缝缝合

0.7

后片（背面）

侧身（背面）

4

0.7

②缝上斜裁布

③卷起藏针缝

7. 处理包口

①将79cm长的斜裁布缝成环状

8

（正面）

③沿着主体剪掉斜裁布

斜裁布（背面）

里布（正面）

②缝上斜裁布

④折角处剪出牙口

（正面）

⑥包口回针缝处理

0.5

背面布（正面）

⑤将斜裁布翻回正面，向里
折1cm后藏针缝

成品图

34

41.5

8

32

8. 制作提手，缝于主体上

42

5

直接裁剪

表布　2片
里布　2片
铺棉　4片

重叠4片车缝

3.5

表布（背面）

里布（正面）　正面相对

铺棉　2片

1

翻回正面

1　纫缝

向里折1cm后藏针缝

提手

包口

在D的中心
缝上提手

前片
（正面）

D

35

带状装饰肩挎包

第37页作品

★ **材料** 表布、拉链侧身…苔绿色粗花呢风格色织格子纹布50cmX110cm（含滚边的斜裁布），配色布…净面棉布4种各适量，衬料50cmX110cm，铺棉35cmX100cm，35cm长拉链1条，宽4cm、长40cm皮制提手1条

★ **成品尺寸** 26.5cmX42cm

★ **制作方法**

1. 按照实物大小纸样预留1cm缝份裁剪表布和里布各2片（前、后片用）。事先从表布上裁好2条5cmX45cm的滚边斜裁布，从里布上裁好1条

4cmX75cm处理缝份用的斜裁布。

2. 裁剪4种颜色的2.8cm宽的配色布，折三折后用熨斗压平，然后将其任意缝在表布上。

3. 在表布上画出绗缝线，依次叠放上铺棉和里布疏缝。底部的铺棉要剪成比成品线短1cm。

4. 绗缝处理。

5. 底部捏出褶子，疏缝固定。

6. 缝合前片和后片。将步骤5的2片正面相对，从侧边半回针缝缝合底部。用**1**中裁好的斜裁布（与里布同一布

块）卷住处理。疏缝褶子。

7. 制作拉链侧身。

8. 把拉链侧身半回针缝于**6**的包口内侧。

9. 把**1**中裁好的斜裁布（与表布同一布块）缝成周长82cm的环状，做成宽1.2cm的滚边。

10. 把皮质提手缝于两侧边。

★ **实物大小纸样请参照本书最后附页A面。**

主体制作示范

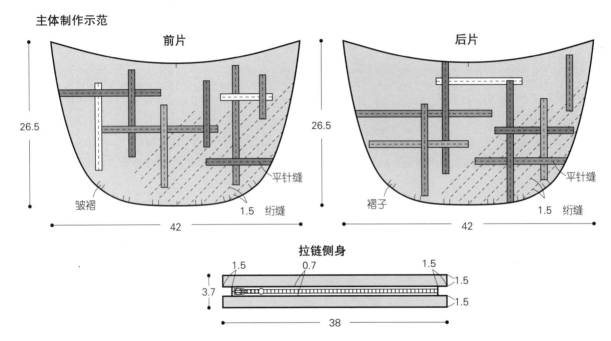

前片

26.5

皱褶　　平针缝

1.5 绗缝

42

后片

26.5

褶子　　平针缝

1.5 绗缝

42

拉链侧身

1.5　0.7　1.5

3.7　　　　　　1.5

1.5

38

2. 配色布折三折后，缝于表布上

3. 在**2**上画出绗缝线，依次叠放铺棉和里布疏缝

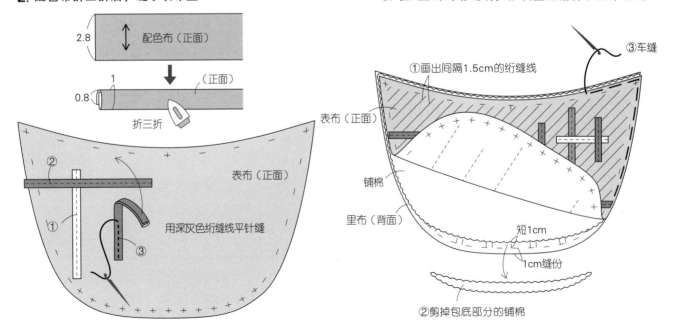

2.8　配色布（正面）

1　（正面）

0.8

折三折

②

①　　表布（正面）

用深灰色绗缝线平针缝

③

①画出间隔1.5cm的绗缝线　　③车缝

表布（正面）

铺棉

里布（背面）

短1cm

1cm缝份

②剪掉包底部分的铺棉

5. 底部捏出褶子，疏缝固定

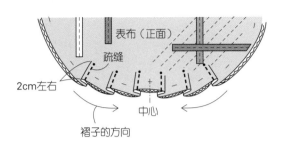

表布（正面）

疏缝

2cm左右

中心

褶子的方向

6. 缝合前片和后片

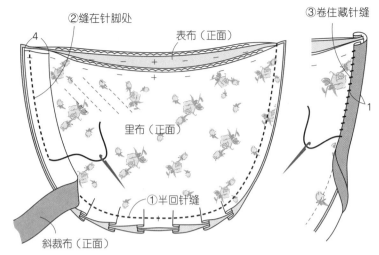

②缝在针脚处

表布（正面）

③卷住藏针缝

4

里布（正面）

1

①半回针缝

斜裁布（正面）

7. 制作拉链侧身

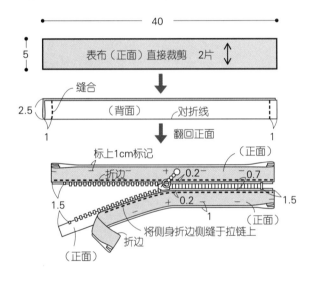

40

5

表布（正面）直接裁剪 2片

缝合

2.5

（背面） 对折线

1 1

翻回正面

标上1cm标记

（正面）

折边

0.2 0.7

1.5

1.5

0.2

1

（正面）

（正面）

折边

将侧身折边侧缝于拉链上

8. 在主体包口内侧缝拉链侧身

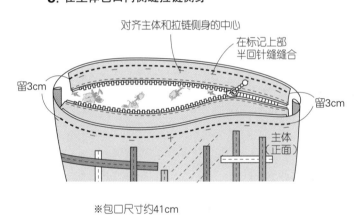

对齐主体和拉链侧身的中心

在标记上部
半回针缝缝合

留3cm

留3cm

主体
（正面）

※包口尺寸约41cm

9. 处理包口

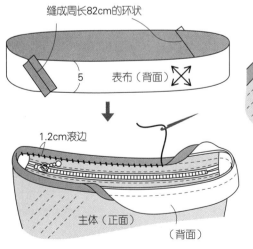

缝成周长82cm的环状

5 表布（背面）

1.2cm滚边

主体（正面）

（背面）

10. 缝上皮质提手

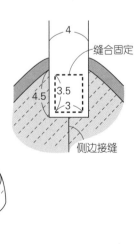

4

缝合固定

4.5 3.5

3

侧边接缝

成品图

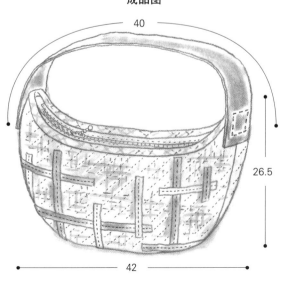

40

26.5

42

36

北欧之花手提包

第38页作品

★ **材料** 主体表布…灰色先染棉布55cm×110cm（含4cm×80cm的滚边用斜裁布），贴布用布…灰色、茶色棉布各适量，提手用布…深灰色先染棉布40cm×110cm，衬料55cm×110cm，铺棉55cm×100cm，薄黏合衬50cm×50cm，直径1.8cm磁扣1组

★ **成品尺寸** 30cm×40cm×10cm

★ **制作方法**

1. 制作主体的实物大小纸样，裁剪预留1cm缝份的表布、铺棉、里布。事先从表布上裁剪4cm×80cm的斜裁布。裁剪时只有里布的侧边预留2.5cm缝份。

2. 缝花朵贴布于表布上，然后画出绗缝线。

3. 在2上依次叠放铺棉和里布绗缝。

4. 将3在底部正面相对对折，半回针缝缝合侧边，用一侧的里布卷住缝份缝合，制作三角形侧身。

5. 用斜裁布包住包口滚边。

6. 制作提手的实物大小纸样，用同一布块裁剪4片预留0.8cm缝份的布块。在2片作为表布的布块上粘上黏合衬。

7. 参照示意图制作2片提手（一侧一半）。

8. 拼接7的提手，进行车缝和绗缝。

9. 将提手缝于主体上。

10. 如图所示准备好磁扣，并将其缝在主体内侧。

11. 制作并放入内底。

★ **实物大小纸样请参照本书最后附页B面。**

主体制作示范

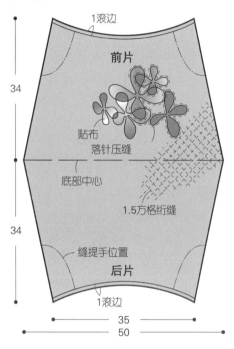

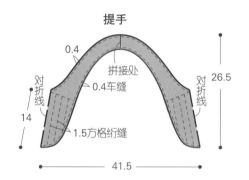

3. 在表布上依次叠放铺棉和里布绗缝

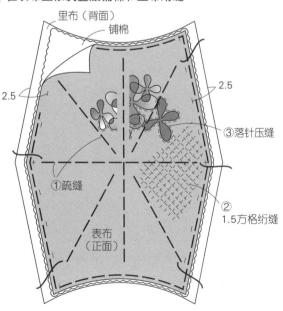

4. 缝合侧边，用一侧的里布卷住缝份缝合

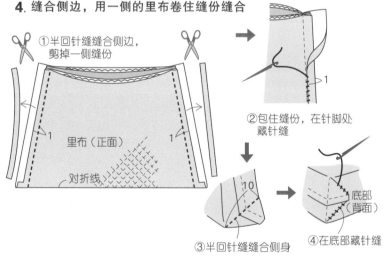

5. 处理包口

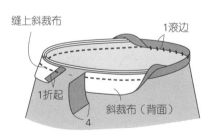

7. 制作提手

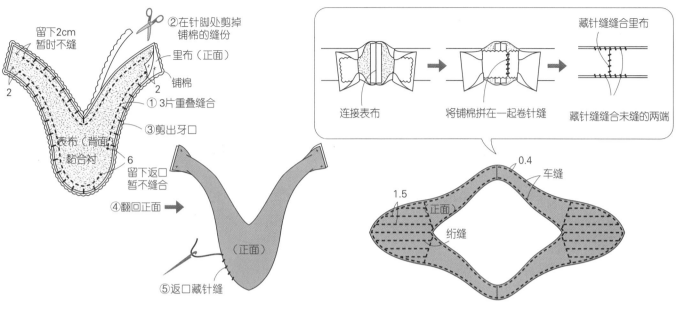

留下2cm
暂时不缝

②在针脚处剪掉
铺棉的缝份

里布（正面）

铺棉

①3片重叠缝合

③剪出牙口

表布（背面）

粘合衬

留下返口
暂不缝合

④翻回正面

（正面）

⑤返口藏针缝

8. 拼接提手

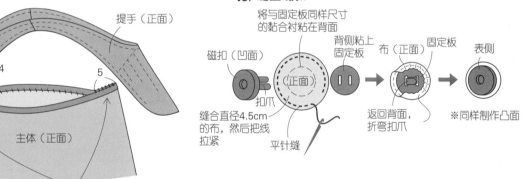

连接表布

将铺棉拼在一起卷针缝

藏针缝缝合里布

藏针缝缝合未缝的两端

0.4
车缝

1.5

（正面）

绗缝

9. 将提手缝合于主体上

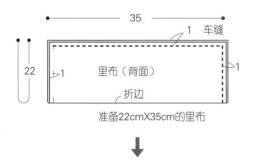

提手（正面）

③卷针缝

4

4

4

5

主体（正面）

②缝上提手

①卷针缝缝合主体
两个侧边

10. 缝上磁扣

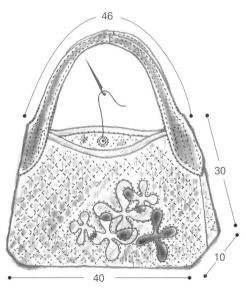

将与固定板同样尺寸
的黏合衬粘在背面

磁扣（凹面）

背侧粘上
固定板

布（正面）

固定板

表侧

扣爪

缝合直径4.5cm
的布，然后把线
拉紧

平针缝

（正面）

返回背面，
折弯扣爪

※同样制作凸面

11. 制作内底

35

1

车缝

22

里布（背面）

1

折边

准备22cmX35cm的里布

折起缝份藏针缝

（正面）

放入主体
底部

放入10cmX33cm的厚纸

成品图

46

30

10

40

37

北欧之花笔袋

第38页作品

★ **材料** 主体、口袋…深棕色净面亚麻布45cmX45cm（含里布、滚边用斜裁布、布环用布），色织灰色棉布55cmX110cm，贴布用布…米黄色、灰色净面棉布各适量，铺棉40cmX20cm

★ **成品尺寸** 参照成品图

★ **制作方法**

1. 先用深棕色布裁出1条2.5cmX75cm（连接）和2条2.5cmX8cm斜裁布条。

2. 制作主体和口袋的纸样，预留0.6cm缝份裁剪表布和里布。铺棉裁剪时不留缝份。

3. 缝贴布于主体表布上。

4. 在主体和口袋表布上描出绗缝线，依次叠放铺棉和里布绗缝。

5. 用斜裁布（**1**中的8cm）包住口袋口，做成宽0.7cm的滚边。

6. 用斜裁布条（**1**中的8cm）制作布环，并将其缝合固定在口袋的表侧。

7. 将主体与口袋背面相对，用斜裁布条（**1**中的75cm）包住周边，做成宽0.7cm滚边。

★ **实物大小纸样请参照本书最后附页B面。**

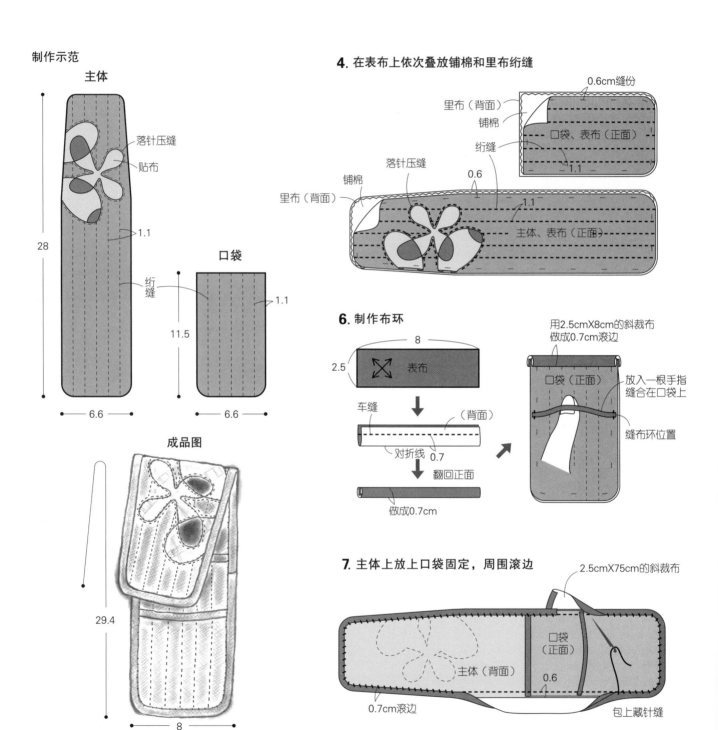

制作示范

主体

落针压缝
贴布
1.1
绗缝
28
6.6

口袋
1.1
11.5
6.6

成品图
29.4
8

4. 在表布上依次叠放铺棉和里布绗缝

0.6cm缝份
里布（背面）
铺棉
口袋、表布（正面）
绗缝
1.1
落针压缝
铺棉
里布（背面）
0.6
1.1
主体、表布（正面）

6. 制作布环

8
2.5
表布
车缝
（背面）
对折线 0.7
翻回正面
做成0.7cm

用2.5cmX8cm的斜裁布做成0.7cm滚边
口袋（正面）
放入一根手指缝合在口袋上
缝布环位置

7. 主体上放上口袋固定，周围滚边

2.5cmX75cm的斜裁布
口袋（正面）
主体（背面）
0.6
0.7cm滚边
包上藏针缝

42

反向贴布小包包

第44页作品

★ **材料** 主体表布…茶色格子纹棉布50cmX60cm（含口布、滚边用斜裁布），反向贴布用布…白色净面、绒毛风黑色净面各18cmX20cm，铺棉40cmX50cm，里布50cmX60cm，20cm长拉链1条

★ **成品尺寸** 参照成品图

★ **制作方法**

1. 参考裁剪方法放上纸样，裁剪各个布块。将主体底部缝成环状，裁剪铺棉时预留1cm缝份。装拉链侧的口布直接裁剪。

2. 缝反向贴布于主体前片表布上（参照第96页）。

3. 将主体前、后正面相对，半回针缝缝缝底部。将缝份倒向前片。

4. 在主体和口布的表布背面放上铺棉和里布，然后绗缝。

5. 在主体的口布和缝合部分两端捏出皱褶缝合，使其与口布尺寸相同。将主体与口布正面相对缝合。

6. 将前后正面相对对折，半回针缝缝合两侧边。将里布的一侧的缝份剪成1cm宽，用另一侧卷住缝份，然后藏针缝。

7. 缝合侧身。捏合两侧边的底部，制作6cm的三角形。

8. 用里布的布带包住主体和口布的针脚，然后藏针缝。

9. 用4cmX42cm的斜裁布包住小包包的口部，将其做成宽1cm的滚边。

10. 半回针缝缝合固定拉链。藏针缝缝合拉链两端。

★ 实物大小纸样请参照本书最后附页B面。

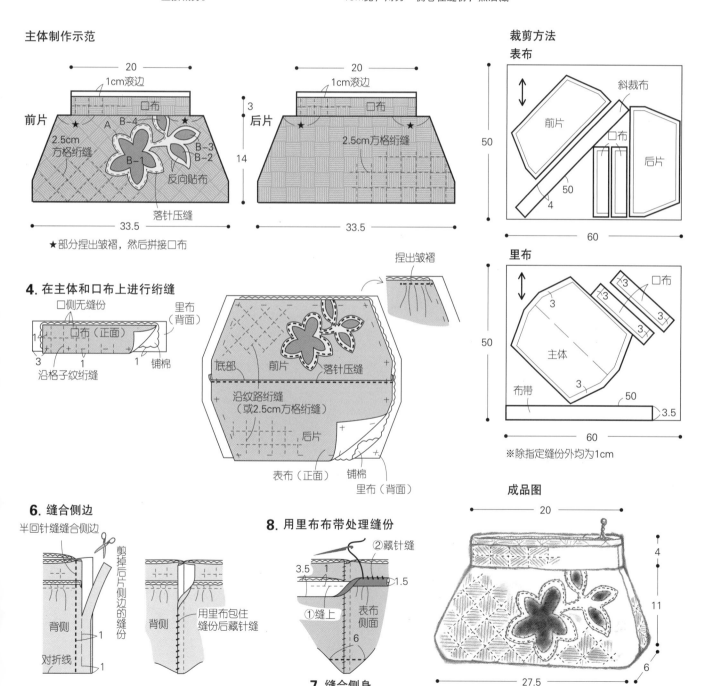

38

细布条拼接的
心形手提包

第40、41页作品

★ **材料** 表布（前片的提手、后片、侧身、口袋、提手别布、拉链侧身）…茶色格子编织纹棉布70cmX110cm（含贴边布），拼布用布…深浅茶色系碎布适量，里袋布…30cmX110cm，衬布50cmX90cm，铺棉80cmX100cm，25cm长拉链1条

★ **成品尺寸** 23cmX25.5cmX13cm

★ **制作方法**

1. 制作前片的实物大小纸样，可参考图片裁剪不同颜色的布块。

2. 拼缝前片。制作三个心形区块并拼接在一起，最后再拼接提手部分。

3. 在2上依次叠放铺棉和衬布，然后绗缝。

4. 制作后片用一块布斜裁后片，然后依次叠放上铺棉和衬布，沿着2.5cm方格的编织纹线绗缝。

5. 制作侧身。

6. 制作口袋，缝合固定于侧身上。

7. 缝合侧身。将侧身与前片、后片正面相对，然后半回针缝缝合。

8. 制作里袋。

9. 将8放入7中，将其正面相对，缝合包口部分。在针脚处剪掉多余铺棉，翻回正面，藏针缝缝合返口。提手边缘从包口处车缝压线。

10. 制作拉链侧身，将其缝合固定在里袋的贴边布上。此时提起主体铺棉的话会更加稳固。

11. 将提手的中心拼在一起藏针缝合，用别布包卷固定。

★ 实物大小纸样请参照本书最后附页B面。

主体制作示范（里袋尺寸相同）

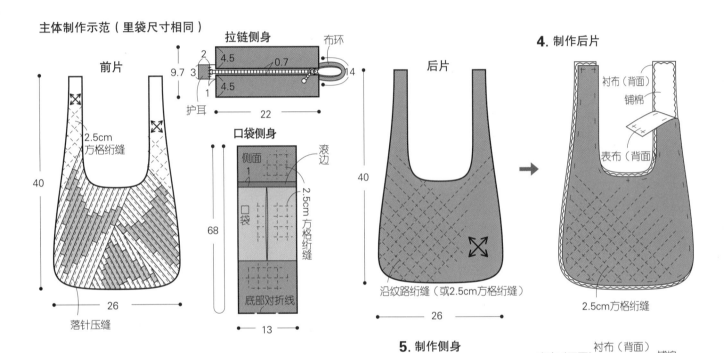

前片

40

26

2.5cm
方格绗缝

落针压缝

拉链侧身

9.7

2 4.5 0.7 14
3
1 4.5
护耳 22
布环

口袋侧身

侧面 1
滚边
口袋 2.5cm 方格绗缝
底部对折线
68
13

4. 制作后片

后片

40

26

沿纹路绗缝（或2.5cm方格绗缝）

衬布（背面）
铺棉
表布（背面）

2.5cm方格绗缝

5. 制作侧身

2.5 方格绗缝 1 衬布（背面）
1 表布（正面）
铺棉
13 侧面 底部 侧面
1 23 22 23 1

2. 拼缝前片

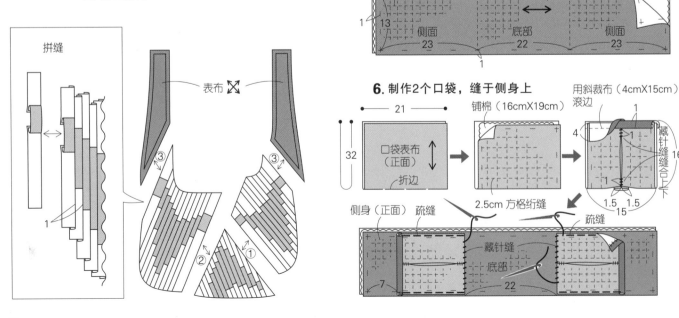

拼缝

表布

③ ③
① ①
②
1

6. 制作2个口袋，缝于侧身上

21 铺棉（16cmX19cm）
用斜裁布（4cmX15cm）滚边
32 口袋表布（正面）
折边
4
2.5cm 方格绗缝
藏针缝缝合上下
16
1.5 1.5
15
侧身（正面） 疏缝
藏针缝
底部
7 22
疏缝

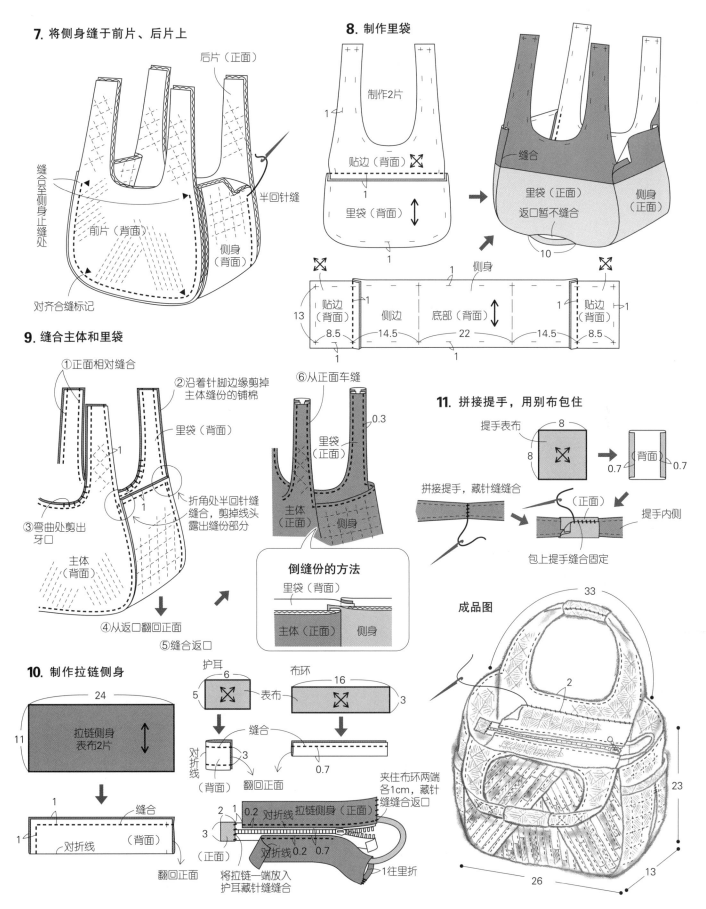

7. 将侧身缝于前片、后片上

后片（正面）

缝合至侧身止缝处

前片（背面）

半回针缝

侧身（背面）

对齐合缝标记

8. 制作里袋

制作2片

贴边（背面）

里袋（背面）

缝合

里袋（正面）

返口暂不缝合

侧身（正面）

10

13

贴边（背面）

侧边（背面）

底部（背面）

贴边（背面）

侧身

8.5　14.5　22　14.5　8.5

9. 缝合主体和里袋

①正面相对缝合

②沿着针脚边缘剪掉主体缝份的铺棉

里袋（背面）

③弯曲处剪出牙口

主体（背面）

折角处半回针缝缝合，剪掉线头露出缝份部分

④从返口翻回正面

⑤缝合返口

⑥从正面车缝

0.3

里袋（正面）

主体（正面）

侧身

倒缝份的方法

里袋（背面）

主体（正面）　侧身

10. 制作拉链侧身

24

11

拉链侧身表布2片

1

缝合

对折线

（背面）

翻回正面

护耳

6

5

表布

对折线

（背面）

对折线

翻回正面

3

布环

16

表布

3

0.7

2　1　0.2　对折线　拉链侧身（正面）

3　（正面）　对折线　0.2　0.7

将拉链一端放入护耳藏针缝缝合

1往里折

夹住布环两端各1cm，藏针缝缝合返口

11. 拼接提手，用别布包住

提手表布

8

8

背面

0.7　0.7

拼接提手，藏针缝缝合

（正面）

提手内侧

包上提手缝合固定

成品图

33

2

23

26　13

91

39

四边形布块拼接的收口包

第42页作品

★ **材料** 拼布用布…茶色系和灰色系碎布适量，穿绳用布、提手用布…蓝灰色格子纹棉布60cmX110cm（含磁扣的衬布），里布90cmX90cm，薄铺棉75cmX75cm，直径1.7cm磁扣1组，直径0.3cm圆绳200cm

★ **成品尺寸** 参照成品图

★ **制作方法**

1. 裁剪拼布用布：A边长5cm正方形16片，B边长10cm正方形60片，并预留1cm缝份，然后拼缝制作表布。倒缝份的方法请参照示意图。

2. 在表布上画出绗缝线。

3. 在表布上依次叠放铺棉和里布，进行绗缝。

4. 在3的四周车缝上穿绳用布。

5. 在圆绳上做标记。

6. 将圆绳的一端牢牢固定在里布折角的缝份上。将穿绳用布折三次用车缝线缝，防止缝住圆绳，然后将圆绳拉紧至圆绳第一个27cm标记处，在折角的缝份上上车缝固定。按照同样的方法缝合并拉紧其他三边。

7. 制作提手，将其藏针缝缝合在包口的折角处。

8. 在磁扣上包上衬布，然后将衬布藏针缝缝在包包内侧上端。

制作示范

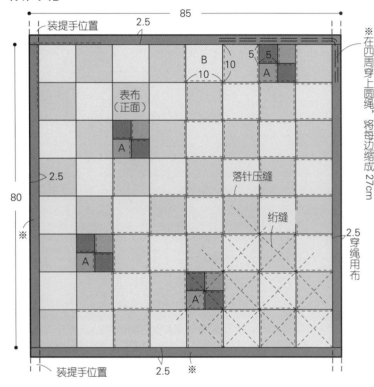

装提手位置　2.5　85

B　10
5　5
A

表布（正面）

2.5

80

※

2.5

落针压缝

绗缝

2.5

穿绳用布

※在四周穿上圆绳，将每边缩成27cm

装提手位置　2.5　※

1. 拼缝制作表布

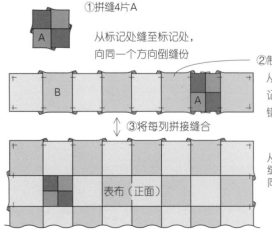

①拼缝4片A

A

从标记处缝至标记处，向同一个方向倒缝份

②制作8列

B

A

③将每列拼接缝合

表布（正面）

从标记处缝至标记处，将缝份交错倒向一边

从一端缝至另一端，缝份也一起缝合，向同一个方向倒缝份

3. 依次叠放表布、铺棉和里布，然后绗缝

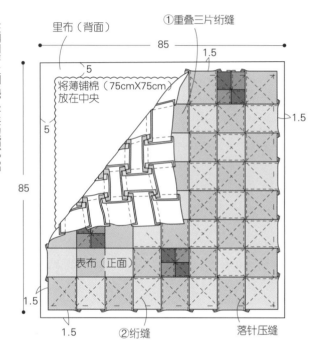

里布（背面）

①重叠三片绗缝

85　1.5

5

1.5

将薄铺棉（75cmX75cm）放在中央

5

85

表布（正面）

1.5

1.5　②绗缝　落针压缝

4. 缝上穿绳布

95

10　a　穿绳布

②

10

b　穿绳布

2.5　1.5

①

83

b　穿绳布

缝于主体上

主体（正面）

①

1.5

②

10　a　穿绳布

95

5. 在圆绳上做标记

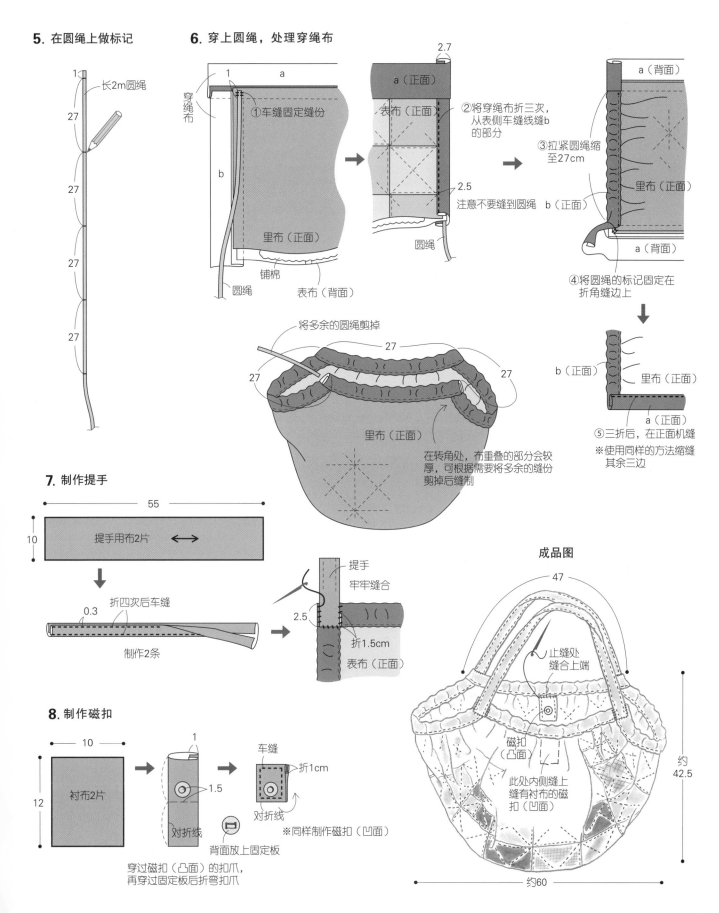

长2m圆绳

1

27

27

27

27

6. 穿上圆绳，处理穿绳布

2.7

a

穿绳布

1

①车缝固定缝份

表布（正面）

里布（正面）

铺棉

圆绳

表布（背面）

b

a（正面）

②将穿绳布折三次，从表侧车缝线缝b的部分

2.5

注意不要缝到圆绳

圆绳

a（背面）

③拉紧圆绳缩至27cm

里布（正面）

b（正面）

a（背面）

④将圆绳的标记固定在折角缝边上

b（正面）

里布（正面）

a（正面）

⑤三折后，在正面机缝

※使用同样的方法缩缝其余三边

将多余的圆绳剪掉

27

27

27

里布（正面）

在转角处，布重叠的部分会较厚，可根据需要将多余的缝份剪掉后缝制

7. 制作提手

55

10

提手用布2片 ↔

0.3

折四次后车缝

制作2条

提手

牢牢缝合

2.5

折1.5cm

表布（正面）

8. 制作磁扣

10

1

12

衬布2片

对折线

1.5

对折线

背面放上固定板

穿过磁扣（凸面）的扣爪，再穿过固定板后折弯扣爪

车缝

折1cm

对折线

※同样制作磁扣（凹面）

成品图

47

止缝处缝合上端

磁扣（凸面）

此处内侧缝上缝有衬布的磁扣（凹面）

约42.5

约60

40

千鸟绣贴布
肩挎包

第43页作品

★ **材料** 主体表布…A：深灰色先染格子纹布50cmX55cm；B：浅灰色格子纹布35cmX45cm。 贴布用布…茶色系格子纹布等各适量，铺棉、里布…各35cmX90cm，30cm长拉链1条，宽2cm长60cm皮质提手1条，25号浅灰色绣线适量

★ **成品尺寸** 参照成品图

★ **制作方法**

1. 先从表布A上裁剪下4.5cmX70cm的斜裁布，然后按实物大小纸样预留1cm缝份后裁剪2片。

2. 制作21片四边形贴布纸样，预留0.7cm缝份裁剪各个布块。最好事先写上序号。

3. 在表布A上描上图案，缝上**2**中裁剪的配色贴布，周围刺绣。

4. 按照实物大小纸样预留1cm缝份裁剪2片表布B，画上纫缝线。

5. 在2片A、B上依次放上铺棉和里布进行纫缝。※只在B的里布左右各预留2.5cm缝份。

6. 将主体A和B的合缝记号处如图所示对齐缝合。用B的里布缝份包住，藏针缝缝合。

7. 用**1**中裁好的斜裁布包住包口，做成宽1.2cm的滚边。

8. 在侧边缝上皮质提手。

9. 将包口滚边的两侧各从背面卷针缝1.5cm，半回针缝上拉链。

★ **实物大小纸样请参照本书最后附页A面。**

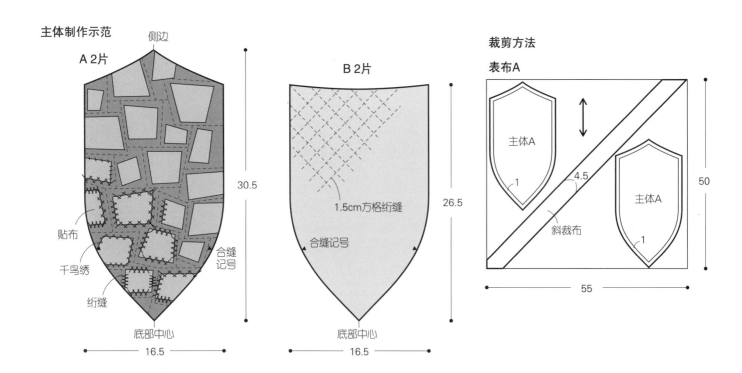

主体制作示范

A 2片　侧边

30.5

贴布
千鸟绣
纫缝

底部中心

16.5

B 2片

1.5cm方格纫缝

合缝记号

26.5

底部中心

16.5

裁剪方法

表布A

主体A　1

4.5

斜裁布

主体A　1

50

55

合缝记号

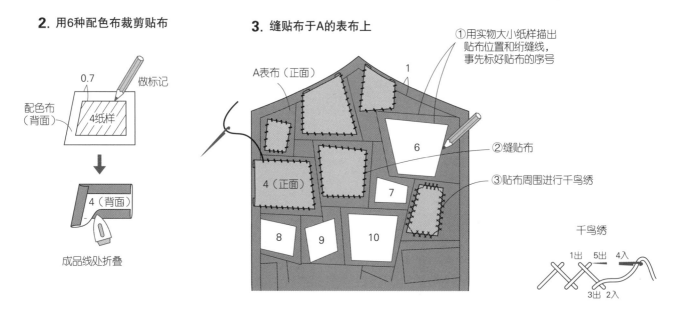

2. 用6种配色布裁剪贴布

0.7　做标记

配色布（背面）

4纸样

4（背面）

成品线处折叠

3. 缝贴布于A的表布上

A表布（正面）

①用实物大小纸样描出贴布位置和纫缝线，事先标好贴布的序号

1

6

②缝贴布

③贴布周围进行千鸟绣

4（正面）

7

8　9　10

千鸟绣

1出　5出　4入

3出　2入

94

5. 在表布上依次叠放铺棉和里布疏缝，然后进行绗缝

A
绗缝
1
1
1
表布A（正面）
1

里布（背面）

铺棉与表布尺寸相同

B
1
1.5cm方格绗缝
2.5
表布B（正面）
2.5

里布（背面）
※按照纸样裁剪并预留2.5cm缝份

6. 将A和B交错缝合

②用B的缝份藏针缝缝合

B（正面）
A（背面）
B（背面）
1
2.5
A（背面）

①半回针缝

B（背面）
1.2
B（背面）

底部中心（背面）
②
B
A
A
B
B的缝份
①的针脚
③留1cm，剪掉其余部分

④卷起藏针缝
A
B
A
B
中心的缝份弄成立起的感觉

7. 滚边缝合包口

将68cm长斜裁布缝成环状
1
（背面）

②卷起藏针缝
斜裁布（背面）
1.2cm滚边
1
①缝上斜裁布
主体（正面）

※绗缝一周后约66cm

成品图

52
1.5
卷针缝
18.5
33

8. 将提手缝于A的侧边

皮制提手
回针缝缝上
3
A（正面）
2

9. 缝上拉链

②半回针缝缝上拉链
①卷针缝
A（正面）
③藏针缝缝于里布上

95

41

反向贴布手提包

第44页作品

★ **材料** 主体表布…茶色格子纹棉布80cmX110cm（含盖子表里、提手、滚边用斜裁布），侧身…茶色净面棉布90cmX20cm，反向贴布用布…白色净面、黑色绒毛风格净面布各18cmX20cm，铺棉、里布…各50cmX100cm，薄黏合衬50cmX50cm，宽2cm棉布带100cm

★ **成品尺寸** 26cmX34cmX9cm

★ **制作方法**

1. 按照实物大小纸样预留1cm缝份后裁剪各个布块。事先裁好1条5cmX70cm和1条4cmX32cm的斜裁布。

2. 缝反向贴布于前片表布上。

3. 制作盖子。

4. 在前片、后片、侧身的表布上依次叠放铺棉和里布进行绗缝。侧身上缝出褶子。

5. 在前片、后片上缝上侧身，用回针缝缝合。

6. 用5cmX70cm的斜裁布包住主体包口，缝成宽1.2cm的滚边。

7. 在主体后片上端下侧2cm处，藏针缝缝上盖子的滚边。

8. 制作2条放有内芯的棉布带制作的提手。

9. 缝提手于主体上。

★ 实物大小纸样请参照本书最后附页B面。

主体制作示范

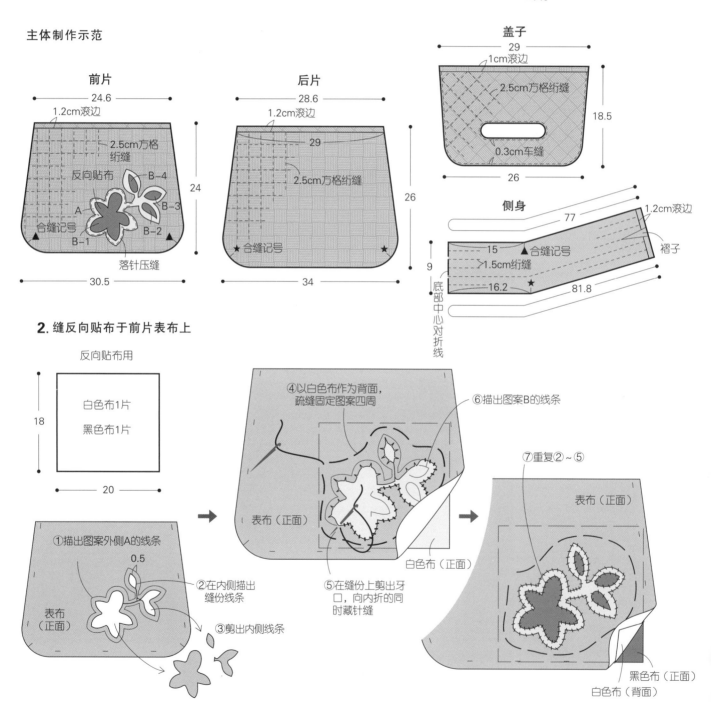

前片

24.6

1.2cm滚边

2.5cm方格绗缝

反向贴布

B-4

A

B-3

合缝记号

B-1

B-2

落针压缝

24

30.5

后片

28.6

1.2cm滚边

29

2.5cm方格绗缝

★合缝记号

26

34

盖子

29

1cm滚边

2.5cm方格绗缝

18.5

0.3cm车缝

26

侧身

77

1.2cm滚边

15

▲合缝记号

1.5cm绗缝

褶子

16.2

81.8

9

底部中心对折线

2. 缝反向贴布于前片表布上

反向贴布用

白色布1片

黑色布1片

18

20

①描出图案外侧A的线条

0.5

表布（正面）

②在内侧描出缝份线条

③剪出内侧线条

④以白色布作为背面，疏缝固定图案四周

⑥描出图案B的线条

表布（正面）

白色布（正面）

⑤在缝份上剪出牙口，向内折的同时藏针缝

⑦重复②~⑤

表布（正面）

黑色布（正面）

白色布（背面）

3. 制作盖子

①在表面盖子的背面粘上黏合衬

表面盖子（背面）
②车缝
0.5
③剪掉
1
1
正面相对
背面盖子（正面）
④剪出牙口

①在表面盖子的背面放上铺棉
摆齐
0.5
0.5
②在成品线处折起
1
③将表面盖子通过
小孔翻回正面

铺棉
表面盖子（正面）
0.3
0.3
从正面车缝
背面盖子（背面）

②半回针缝
③卷起藏针缝两端
折回背侧
1
1
4
表面盖子（正面）
斜裁布（背面）
①2.5cm方格绗缝

4. 制作前片、后片、侧身

将3片上端摆齐
里布（背面）
2.5cm方格绗缝
落针
压缝
2.5cm方格绗缝
主体后片（正面）
1
1
主体前片（正面）×
铺棉裁成成品大小

③半回针缝缝合褶子
里布（正面）
1
侧身（正面）
底部（正面）
1
②1.5cm绗缝
①在表面侧身背面贴上黏合衬
1
1
1
表布（正面）
铺棉
里布（背面）

5. 缝合4

（正面）
②剪成0.5cm
主体（背面）
0.5
1
①1cm车缝

②倒向侧身一侧
0.7
主体（正面）
车缝
①用回针缝针
法缝合缝份

成品图

50
后片
中心
4 4 6
藏针缝

7. 缝盖子于主体上

表面盖子（正面）
藏针缝缝
于后片上
后片（正面）
侧身（正面）
背面盖子（背面）
藏针缝
缝上盖子
1.2cm滚边
前片（正面）

8. 制作提手

52
6
提手 2片
1cm车缝
（背面）
2
翻回正面
对折线
（正面）
长50cm棉布带
2
将针脚放在中间
放进去
车缝
两端向里折1cm
※制作2条

前片
18.5
2.5
藏针缝
26
9
34

43

六边形图案毛料
手提包

第46页作品

★ **材料** 图案表布…毛料碎布、图案里布…茶色系千鸟绣毛料30cmX110cm，里袋…红褐色净面毛料40cmX70cm，提手用布…茶色系毛料25cmX45cm，铺棉50cmX100cm，2团40g深棕色粗毛线（使用5号钩针）

★ **成品尺寸** 23cmX32cmX9cm

★ **制作方法**

1. 制作A：六边形；B：菱形纸样，预留0.7cm缝份，裁剪28片A、4片B毛料布块。

2. 裁剪同样块数的铺棉和里布。

3. 在铺棉上放上正面相对的表布和里布，缝合返口以外的其他部分。翻回正面，藏针缝缝合返口后进行绗缝。菱形部分不绗缝。

4. 在图案周围用毛线进行毛毯绣，挑起纬线，用短针织一行。参照拼接方法从第二片开始横着拼接在一起。拼好三列以后，钩针引拔成山形，制作主体前片。

5. 用钩针引拔钩编连接主体前片、侧身和后片。

6. 用短针织一行处理包口部分。

7. 制作提手，缝合固定于装提手位置背侧。

8. 制作里袋，包口侧的缝份折向内侧，包缝固定在短针边上。

★ 里袋的实物大小纸样请参照本书最后附页B面。

主体制作示范
（里袋请参照实物大小纸样）

前片（后片尺寸相同）

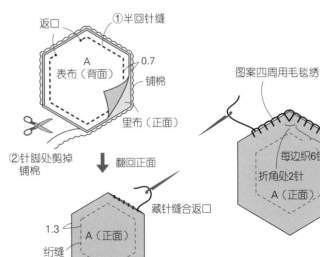

侧身

图案连接方法

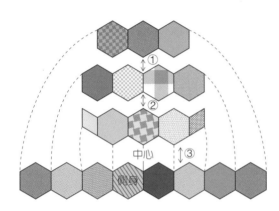

3. 制作图案

4. 连接图案

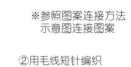

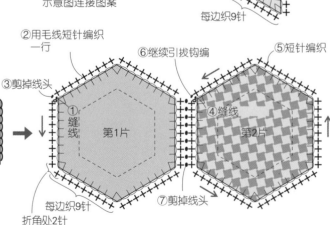

与A同样制作B的图案

5. 用钩针引拔连接主体和侧身

参照图案连接方法连接前片和侧身

同样连接后片

（背面）

前片（正面）

③

①引拔钩织

②

侧身（正面）

6. 用短针处理包口

织1行短针

A（正面）

实物大小纸样　※C在第100页使用

绗缝

A

B

C

绗缝

7. 制作提手

40

米黄色毛料

10

2.5

折四次藏针缝

织75针锁针

开始编织

编织结束

把编织物放在上边半回针缝缝合固定

1.5

8. 制作里袋，缝于主体上

将2片毛料正面相对车缝

15

口袋

12　返口　1

口部点回针缝

（正面）

藏针缝缝合返口

③剪出牙口

里袋（正面）

1

④包口用熨斗压平折边

里袋侧身（背面）

②缝合

里袋（背面）

1

①滚边固定口袋

成品图

31

里袋滚边固定在图案上

4.5

织2行短针

23

9

32

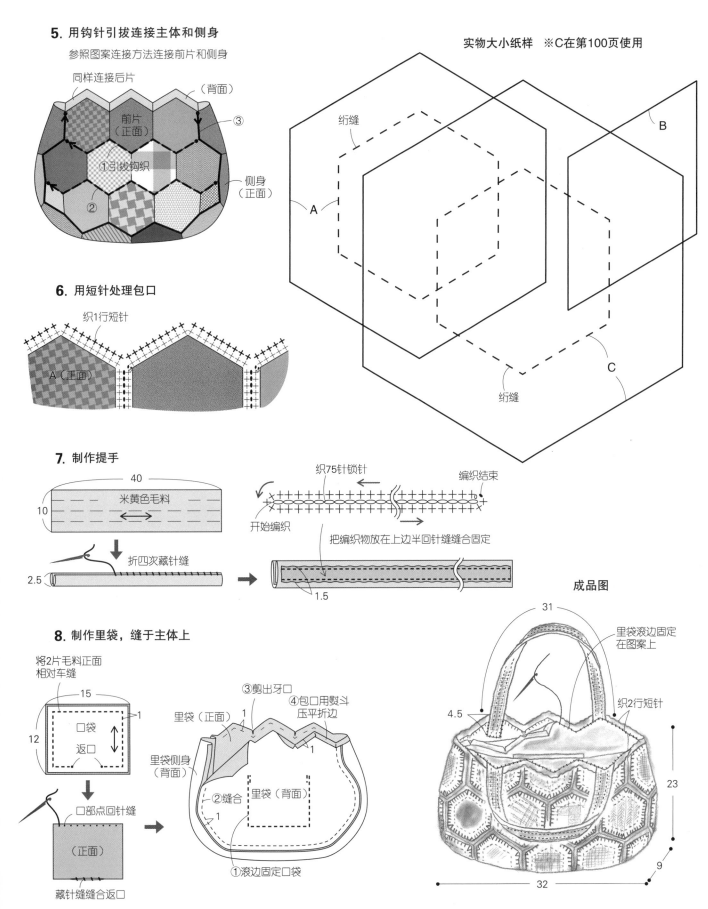

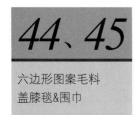

44、45

六边形图案毛料
盖膝毯&围巾

第47页作品

[44 盖膝毯]

★ 材料 图案表布…毛料碎布适量，带图案里布…茶色系毛料150cmX120cm，铺棉200cmX100cm，8～10团40g深棕色粗毛线（使用5号钩针）

★ 成品尺寸 126cmX101cm

★ 制作方法

1. 制作C：六边形纸样，然后预留0.7cm缝份后裁剪143片毛料布块。

2. 分别裁剪同样数量的铺棉和里布。

3. 参照第98页制作示范。

4. 用毛线在图案四周进行毛毯绣，挑起纬线如图所示织1针短针，然后再织1针锁针。从第2片图案开始按照第98页同样的方法横向拼接编织。

5. 制作8列10片连接、7列9片连接后，用引拔针连接整体。

6. 四周织3行收边。

★ 图案C的实物大小纸样请参照第99页。

[45 围巾]

★ 材料 图案表布…毛料碎布20种各10cmX10cm，图案里布…灰色净面毛料20cmX80cm，铺棉20cmX80cm，1团40g黑色粗毛线（使用5号钩针）

★ 成品尺寸 16cmX84cm

★ 制作方法 ※六边形图案纸样、制作方法、连接方法与第98页手提包相同

1. 制作2列横向的10列连接。

2. 将2列如图所示用钩针引拔成山形。最后四周用钩针引拔一圈。

★ 图案A的实物大小纸样请参照第99页。

制作示范

45. 围巾

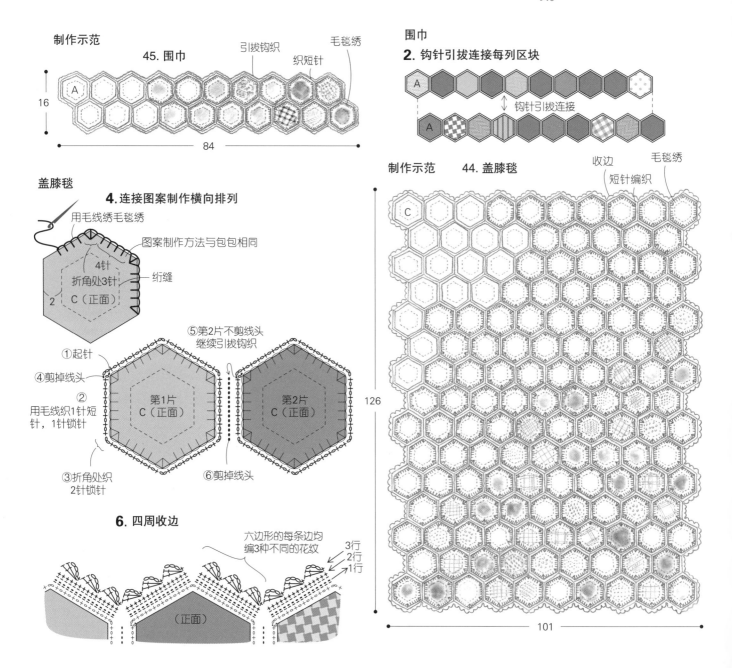

围巾

2. 钩针引拔连接每列区块

钩针引拔连接

盖膝毯

4. 连接图案制作横向排列

用毛线绣毛毯绣

图案制作方法与包包相同

4针
折角处3针
C（正面）

绗缝

①起针
④剪掉线头
②用毛线织1针短针，1针锁针
③折角处织2针锁针

⑤第2片不剪线头继续引拔钩织
第1片 C（正面）
第2片 C（正面）
⑥剪掉线头

6. 四周收边

六边形的每条边均编3种不同的花纹

3行
2行
1行

（正面）

注：第1行在背面用钩针引拔编织，第2行织短针，第1、2行均挑起面前的1根线进行编织

制作示范 44. 盖膝毯

收边
毛毯绣
短针编织

C

30、31

衬衫上的翻新小创意
——斜裁碎布、Yoyo

第30、31页作品

★ 材料
[30 衬衫] 贴布用布…单色系格子纹布和净面布等10种各适量，市售女式衬衫1件
★ 成品尺寸 参照成品示意图
★ 制作方法
1. 裁剪A～J的布块。※由于是直接裁剪的布块，所以最好裁成线头不易散开的斜裁布。另外，密织布线头也不易散开。

2. 参照示意图将贴布均匀地摆放在衬衫的衣襟上，在距离布边0.3cm处小针脚缝合固定。
[31 衬衫] Yoyo用布…茶色系碎布适量，市售衬衫1件
★ 成品尺寸 参照成品示意图
★ 制作方法
1. 制作6个小的（直径2cm）Yoyo、26个大的（直径2.5cm）Yoyo。
2. 参照示意图均匀地将其缝合固定在

衬衫领部。※在里面进行藏针缝缝合固定，以防露出针脚，这样的话成品效果会更好。

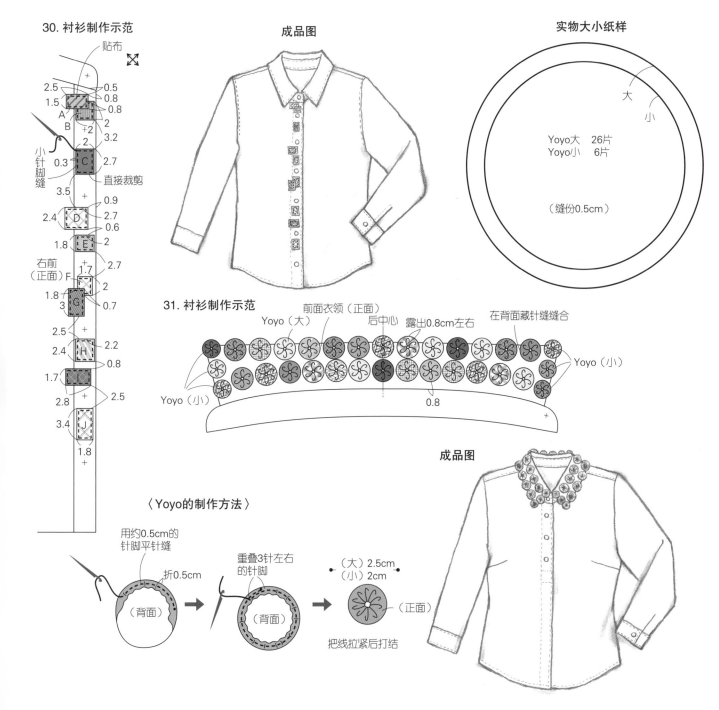

30. 衬衫制作示范

贴布

2.5　0.5
1.5　0.8
　　　0.8
A
B　+2　2
　　　3.2
小针脚缝　0.3　C　2.7
直接裁剪
3.5
2.4　D　0.9　2.7
　　　0.6
1.8　E　2
右前（正面）F　+1.7
1.8　　2
1.8　G　0.7
3
2.5
2.4　H　2.2
　　　0.8
1.7
2.8　2.5
3.4　J
1.8

成品图

实物大小纸样

大
小

Yoyo大　26片
Yoyo小　6片

（缝份0.5cm）

31. 衬衫制作示范

Yoyo（大）　前面衣领（正面）　后中心　露出0.8cm左右　在背面藏针缝缝合

Yoyo（小）

Yoyo（小）　0.8

〈Yoyo的制作方法〉

用约0.5cm的针脚平针缝
折0.5cm
（背面）

重叠3针左右的针脚
（背面）

（大）2.5cm
（小）2cm
（正面）

把线拉紧后打结

成品图

101

46

毛料拼接鸭舌帽

第48页作品

★ **材料** 帽顶表布…6种毛料各25cmX15cm，帽檐表布、里布…米黄色净面毛料35cmX35cm（含帽檐用斜裁布），饰带表布…黑色和茶色人字形毛料10cmX65cm，帽顶里布、饰带里布…米黄色净面棉布50cmX65cm，薄黏合衬50cmX65cm，直径1.8cm塑料纽扣1个

★ **成品尺寸** 参照成品示意图

★ **制作方法**

1. 在帽顶里布以外的其他布块上粘上黏合衬。制作实物大小纸样，分别裁剪帽顶表布、里布各6片，饰带表布、里布各1片，帽檐用布2片，帽檐斜裁布1片。

2. 连接6片帽顶表布。

3. 在2上缝上饰带表布。

4. 连接6片帽顶里布，然后放入3中疏缝固定。

5. 将2片帽檐用布背面相对叠放，用4cmX40cm的斜裁布包住，做成宽1cm的滚边。

6. 在**4**上缝合固定**5**。

7. 将饰带里布缝合成环状，折起其中一侧，车缝3条线。

8. 将**6**和**7**正面相对缝合，倒向内侧，并在没有帽檐的地方车缝折边。

9. 在帽顶表布的中心缝上制作的包扣。

★ 实物大小纸样请参照本书最后附页B面。

---

2. **制作帽顶表布**

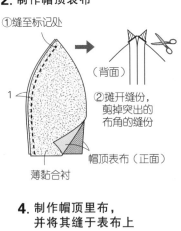

①缝至标记处
1
②摊开缝份，剪掉突出的布角的缝份
帽顶表布（正面）
薄黏合衬

③制作2片用3片拼缝的区块，然后再将其缝合
缝至标记处
（背面）
④摊开缝份

⑤从正面车缝
0.3
帽顶表布（正面）
黏合衬
63
5
饰带表布（正面）
黑色和茶色人字纹毛料

4. **制作帽顶里布，并将其缝于表布上**

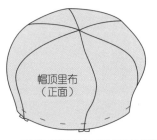

帽顶里布（正面）

※按照与帽顶表布同样的方法制作

5. **制作帽檐**

斜裁布（背面）
车缝
帽檐表布（正面）
帽檐里布（背面）
4
1疏缝
1滚边
卷起藏针缝

3. **制作饰带表布，将其缝在帽顶表布上**

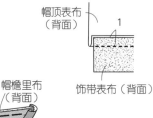

帽顶表布（背面）
1
饰带表布（背面）

成品图

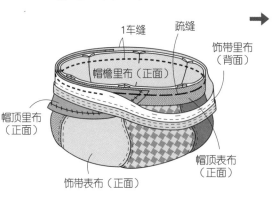

车缝
固定标出的12处，以防外露

7. **制作饰带里布**

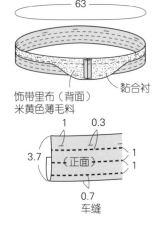

63
饰带里布（背面）
米黄色薄毛料
1   0.3
3.7   1   1
0.7
车缝

8. **缝上饰带里布**

1车缝   疏缝
饰带里布（背面）
帽檐里布（正面）
帽顶里布（正面）
帽顶表布（正面）
饰带表布（正面）

9. **帽顶中心缝上包扣**

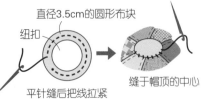

直径3.5cm的圆形布块
纽扣
平针缝后把线拉紧
缝于帽顶的中心

47

疯狂拼布饰带

第48页作品

★ 材料
[饰带A、B 2根份量]
表布…茶色系毛料13种各适量，里布…茶色条纹毛料20cmX60cm，深棕色合成皮革10cmX20cm，黏合铺棉20cmX60cm，宽1cm深棕色天鹅绒缎带240cm，中细、极细毛线米黄色、深棕色各适量
[装饰别针]
别针1cmX7cm1个，各种纽扣适量，6cm长穗状饰物1个，宽0.5cm亚麻布带20cm

★ 成品尺寸　参照成品示意图
★ 制作方法
1. 拼缝制作饰带A、B的表布。摊平缝份。
2. 裁剪里布和黏合铺棉，用熨斗使其黏合。将表布和里布正面相对，夹住2根60cm的缎带后车缝固定，然后翻回正面。
3. 用熨斗压平后，穿上串珠，绣上图案。此时，挑起里布缝合。
4. 分别裁剪出直径10cm和 8cm的毛料布块作为端头的圆形饰物，平针缝缝合四周并将缝份里折。然后将饰带夹在其与背面的合成皮革之间，用胶水固定几处后，用双根毛线进行装饰车缝。
5. 制作装饰别针。

★ 缩小一半的纸样请参照本书最后附页B面。

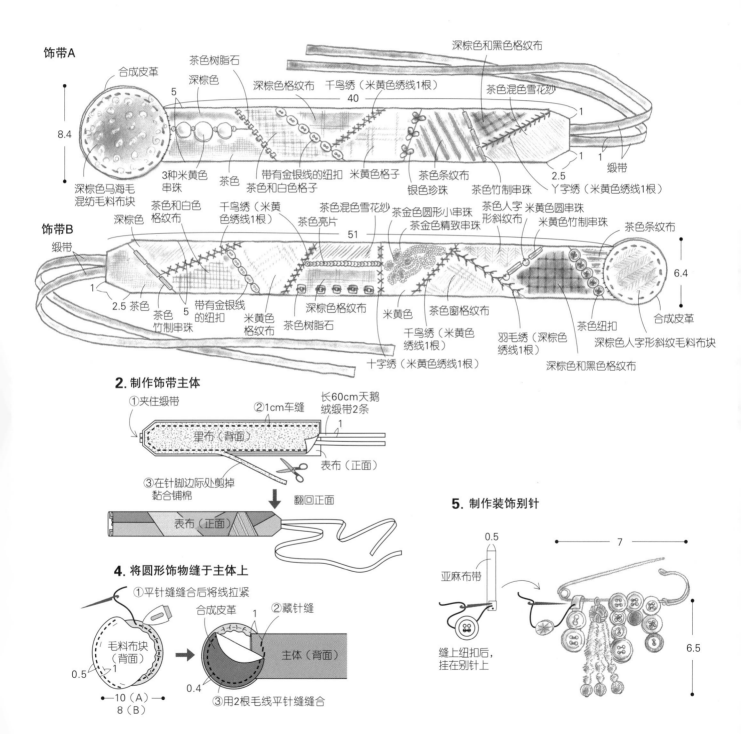

103

HANAOKA HITOMI NO HARISHIGOTO　2

Copyright ©HITOMI HANAOKA 2006 © NIHON VOGUE-SHA 2006

All rights reserved.

Photographer: AKINORI MIYASHITA

Original Japanese edition published in Japan by NIHON VOGUE CO., LTD.,

Simplified Chinese translation rights arranged with BEIJING BAOKU INTERNATIONAL CULTURAL DEVELOPMENT Co., Ltd.

著作权合同登记号：图字16—2011—164

图书在版编目(CIP)数据

花冈瞳的生活拼布.2，简约自然风/（日）花冈瞳著; 齐会君译. —郑州：河南科学技术出版社，2013.8

ISBN 978—7—5349—6030—7

Ⅰ. ①花… Ⅱ. ①花…　②齐… Ⅲ. ①布料-手工艺品-制作　Ⅳ. ①TS973.5

中国版本图书馆CIP数据核字(2012)第244998号

出版发行：河南科学技术出版社

地址：郑州市经五路66号　　邮编：450002

电话：(0371) 65737028　　65788613

网址：www.hnstp.cn

策划编辑：刘　欣

责任编辑：张　培

责任校对：李淑华

封面设计：张　伟

责任印制：张艳芳

印　　刷：北京盛通印刷股份有限公司

经　　销：全国新华书店

幅面尺寸：210 mm×260 mm　　印张：6.5　　字数：200千字

版　　次：2013年8月第1版　　2013年8月第1次印刷

定　　价：39.00 元

如发现印、装质量问题，影响阅读，请与出版社联系并调换。